L'ÉNIGME DU VIVANT

Réflexions d'un biologiste sur la vie et la mort

Aux Éditions BUCHET / CHASTEL

Docteur Atkins
- La Révolution diététique du Dr Atkins
- Ma Cuisine diététique par Robert Atkins, Fran Gare et Helen Monica
- La Diététique super-énergétique du Dr Atkins
- La Nutrition révolutionnaire du Dr Atkins

Maurice Auroux
- L'ambiguïté humaine

Gérard Badou
- L'État de santé

Jean Bernard
- État de la médecine
- Grandeur et tentations de la médecine
- L'homme changé par l'homme
- L'espérance ou le nouvel état de la médecine
- Mon beau navire
- Le sang des hommes
- Le sang et l'histoire
- L'enfant, le sang et l'espoir
- Et l'âme? demande Brigitte

Docteur Joseph Berke
- L'homme papillon

Docteur Dalloz – Bourguignon
- Le pouvoir de la mésothérapie

Docteur Dominique Dervieux
- L'Acupuncture à la portée de tous
- Dangers et Miracles des boucles d'oreille.

Marie-Louise von Franz
- C. G. Jung

Gayelord Hauser
- Vivez jeune vivez longtemps
- Beauté à la carte
- Mes nouveaux secrets

Docteur Hervé Jezic
- La Sophrologie, le corps et l'âme
- Améliorer vos facultés intellectuelles par la Sophrologie

Carl Gustav Jung
- L'Ame et la Vie
- Psychologie et Religion
- Psychologie et Éducation
- Problème de l'âme moderne
- Présent et Avenir
- Réponse à Job
- Les Racines de la conscience
- Psychologie et Alchimie

Docteur Helen Singer Kaplan
- La nouvelle thérapie sexuelle

Raymond Latarjet
- D'abord, vivre

Docteur J. Lemoulinier, P. Burger & J. Guias
- La cellulite enfin vaincue

Varenka & Olivier Marc
- L'enfant qui se fait naître

Laurence E. Morehouse & Léonard Gross
- 30 minutes par semaine pour être en forme

Richard Passwater
- Supernutrition (La révolution mégavitaminée)

Maya Pines
- Transformer le cerveau

David & Barbara Reuben
- Le régime alimentaire sauveur

Docteur Burton White
- Les trois premières années de la vie

JEAN-PIERRE SOULIER

L'ÉNIGME DU VIVANT

ÉDITIONS BUCHET/CHASTEL
18 rue de Condé 75006 PARIS

JEAN-PIERRE SOULIER

Né en 1915. Docteur en médecine.

Professeur honoraire d'Hématologie (Faculté de Médecine de Necker).

Ancien directeur général du Centre national de Transfusion sanguine.

Ancien biologiste des Hôpitaux de Paris.

Expert auprès de l'OMS pour les produits sanguins et pour les hépatites virales.

Ancien président de la Société internationale de Transfusion, ainsi que de la Société internationale de Thrombose et d'Hémostase.

Connu en France et à l'étranger pour ses travaux de recherche sur la coagulation du sang (nouvelles techniques d'étude de l'hémostase), le fractionnement du plasma, les hépatites virales; pour la rédaction avec Armand André d'un Code international d'Éthique transfusionnelle, ainsi que pour la description avec Jean Bernard d'une nouvelle variété de thrombopathie (atteinte héréditaire des plaquettes sanguines).

Il a créé, au Centre national de Transfusion à Paris, un laboratoire d'hybridomes pour la préparation d'anticorps monoclonaux et, avec Charles Salmon, un laboratoire de

« génie génétique », en vue de l'étude du polymorphisme du sang humain et de la production (en collaboration avec « Transgène ») de facteur anti-hémophilique de recombinaison génétique.

Il est l'auteur de plusieurs ouvrages scientifiques concernant l'hémostase et la transfusion.

Il a publié en 1956 un roman *(L'espace d'un matin)* et en 1968 un essai sur Lautréamont (réédité en 1978), intitulé : *Lautréamont, génie ou maladie mentale?*

PRÉFACE

Les dogmes faiblissent, les interrogations montent. Comme un feu qui couvait sous une chape d'affirmations péremptoires, propagées de génération en génération, jaillit le désir de remettre en question tout le savoir de l'homme sur son étrange destinée. Dans ce livre, un honnête homme (comme on disait au siècle de Molière) cherche à comprendre. Il sait que, vivrait-il encore très longtemps, la mort, finalement, ne le laissera pas échapper. Il veut la regarder en face, et lui consacrera un chapitre entier. Or, s'avançant vers elle, il éprouve l'urgent besoin de regarder en arrière et de ramasser, comme une brassée de sarments, l'essentiel de ce que les hommes de foi, les philosophes, les hommes de science lui ont apporté, qui puisse l'aider à résoudre la suprême énigme de sa propre condition.

Cet homme n'est pas un personnage ordinaire. Grand hématologue, auteur de nombreuses découvertes éclairant les mécanismes de la coagulation du sang, animateur du Centre national de Transfusion sanguine (lequel est un sujet de fierté pour les médecins français car il y en a peu dans le monde qui soient aussi parfaits), Jean-Pierre Soulier est un de ces médecins qui ont si bien allié la biologie et la médecine qu'ils ont contribué à supprimer toute barrière entre elles. La méditation d'un homme tel que lui ne peut laisser indifférent. Et, comme on pouvait s'y attendre, son livre est une provocation. Provocation à réfléchir. De la première à la dernière ligne, il a provoqué ma réflexion. Le plus souvent pour me sentir en profond accord avec sa prudence, ses audaces, son analyse.

Jean-Pierre Soulier refuse d'obéir passivement aux dogmes religieux ou philosophiques, lorsqu'ils le laissent insatisfait. Certes il aperçoit clairement le besoin humain éternel de transcender l'absurdité apparente de la vie qui nous est offerte. « Toute âme n'est-elle pas en grande nécessité de connaissance et d'amour? » Mais le désir d'absolu suffit-il à prouver que cet absolu existe? J'avais moi-même défendu l'idée que la quête de vérités, nous permettant de sortir de la cage de notre condition humaine, pouvait être entachée d'illusions anthropomorphiques et que certaines questions qui nous fouaillent devaient peut-être passer du statut de questions sans réponse à celui de questions sans fondement. Ce que j'admire dans le livre de Jean-Pierre Soulier, c'est qu'il laisse le lecteur libre de ses conclusions personnelles : il lui présente des faits, des masses de faits, ramassés dans un survol étonnant de concision et de rigueur; il réunit avec une apparente aisance l'essentiel de ce qu'apportèrent au long des siècles la foi des âmes religieuses, les délibérations des philosophes, les acquis de la science; il dit ce qu'il en a tiré pour lui-même; il laisse apercevoir que sa propre réflexion appartient à une personnalité mesurée, mais ferme, et en même temps compréhensive, attachante, aussi consciente des besoins humains de rêve que des exigences de la logique. Et il ouvre toutes les portes de la tolérance à ceux qui, partant des mêmes données historiques, construisent autrement que lui leur jardin intérieur.

Il me plaît que, chez cet incroyant, l'appétit de transcendance soit aussi vivace que chez le plus fervent des croyants. Pour Jean-Pierre Soulier, « même chez les agnostiques, en dépit du mal, des souffrances, de l'injustice, (demeure) l'espérance que des valeurs transcendantes existent bien quelque part dans l'univers ». Je suis bien convaincu que ces valeurs existent. C'est dans l'esprit de l'homme qu'on les trouve. Et c'est même ce qui donne sa pleine noblesse et son exceptionnelle originalité à la condition humaine.

Dépositaire exclusif d'un trésor si rare, l'homme considéré isolément ne signifie pourtant rien. Un thème qui m'enchante tout au long de *L'Énigme du Vivant* est celui des liens qui unissent l'homme à tout ce qui l'entoure. Il n'est qu'un élément modeste et quasi contingent parmi les végétaux, les millions d'espèces animales, les milliards d'étoiles, les millions de mondes. Contingent, même s'il est irremplaçable. L'invitation constante à la modestie baigne ce livre, comme un bain de santé intellectuelle. J'ai aimé la citation de Bertrand Russell qui, à quatre-vingt-dix ans, conseillait « d'élargir progressivement les centres d'intérêt, de reculer peu à peu les frontières du moi, jusqu'à confondre sa vie personnelle avec la vie universelle ».

Je n'ai pas été moins sensible au chapitre sur l'évolution du vivant. Mon accord est profond avec les réserves de Jean-Pierre Soulier sur les opinions régnantes. Il écrit que, certes, « le hasard intervient à tous les niveaux », mais qu'on « a peine à croire au hasard créateur », car « la sélection est plus adaptatrice que créatrice ». Il m'a rappelé Alfred Kastler imaginant l'aventure de cosmonautes « qui découvriraient, sur la face cachée de la lune, une usine automatique d'aluminium en plein fonctionnement » et qui « n'arriveraient pas à se persuader que cette usine s'est trouvée constituée par le seul jeu fortuit des réactions physico-chimiques entre les différents éléments présents sur la surface de notre satellite ». En notre temps où les néodarwinistes tiennent le haut du pavé et connaissent peu le doute, affirmant que le choix n'existe qu'entre le hasard et Dieu, il est bon, il est sain, il est utile qu'un biologiste ose se montrer insatisfait par l'état actuel de leurs explications, sans pour autant se laisser enfermer dans l'hypothèse d'un projet créateur né tout casqué d'une puissance surnaturelle.

Le long chapitre de Jean-Pierre Soulier sur la mort est une méditation admirable et sereine. Le seul point possible de désaccord concerne l'éternelle question de l'euthanasie. Non pas l'euthanasie dite passive : il est indéfendable de continuer des soins pénibles et inutiles à celui qui est parvenu au terme de sa vie; lorsqu'il n'y a plus aucun espoir d'agir efficacement pour guérir, le seul devoir est d'apaiser la souffrance et l'angoisse, tout « acharnement thérapeutique » devient caricature du devoir médical. Mais, à l'inverse, je ne peux consentir à laisser entre les mains des médecins le pouvoir de tuer activement, d'administrer la mort, quels que soient les désirs exprimés par le malade ou les suggestions de sa famille. J'aperçois trop clairement la pente possible vers d'affreux abus. Jean-Pierre Soulier lui-même écrit : « Il ne faudrait pas que des héritiers poussent à expédier *ad patres* trop complaisamment ceux qui n'en finissent pas de mourir. » Et surtout, les moyens d'apaiser la souffrance sont devenus aujourd'hui si nombreux, si puissants, si efficaces, il est si évident que le bon médecin doit les utiliser largement si cela est nécessaire, que je me refuse pour ma part au geste irréparable qu'est le poison volontairement donné.

Je louerai, pour finir, la clarté, la vie, l'agrément de lecture de l'ouvrage. Sur des sujets si graves l'auteur a su bâtir un édifice léger, d'où l'humour lui-même n'est pas absent. Un des moyens dont il a usé pour y parvenir est le renvoi en notes de fin de volume d'une masse d'informations complémentaires, remarquablement documentées et, en outre, passionnantes à consulter.

« C'est icy un livre de bonne foy, lecteur », écrit Michel de Montaigne au début des *Essais.* J'en dirai autant de

L'Énigme du Vivant. Je crois que beaucoup de lecteurs, comme moi, éprouveront en le lisant le sentiment d'une extrême probité intellectuelle. C'est un livre auquel il fait bon de se frotter l'esprit.

Jean Hamburger,
de l'Académie française

I

INTRODUCTION

Aucun être vivant n'a choisi de naître ni d'appartenir à l'espèce en laquelle il s'est trouvé incarné. Il n'a pas davantage le pouvoir d'échapper à la mort. Vivre, constitue cependant un rare privilège, si l'on songe aux milliards de germes et de gamètes qui se perdent.

L'homme s'est de tout temps préoccupé de sa raison d'être et de la signification de l'Univers. Deux périodes de la vie prédisposent à ce genre d'interrogation, souvent jugée vaine ou inopportune : l'adolescence, qui est une période d'effervescence, et la retraite qui, au sortir de la vie active, est un temps de réflexion.

Lorsqu'on est médecin et biologiste, il est naturel de se pencher sur la vie et sur la mort. Bien entendu, une formation scientifique ne confère aucune perspicacité particulière, elle évite toutefois d'échafauder des théories déconnectées d'avec la réalité. J'ai été surpris de rencontrer bien souvent, au cours de mes lectures, autant de dogmatisme chez les philosophes que chez les théologiens. Les scientifiques sont plus prudents, ils savent que la quête de la vérité n'est jamais terminée et que celle-ci demeure toujours relative.

La somme des connaissances accumulées par l'humanité déborde la capacité de stockage des bibliothèques, cependant notre ignorance des origines et des fins demeure entière.

Je me propose d'évoquer ici les principales données et conceptions, aussi bien religieuses que philosophiques et scientifiques, concernant la Vie et la Mort. Il faut, j'en suis conscient, une bonne dose de hardiesse et de naïveté pour comparer des démarches aussi dissemblables. J'estime cependant qu'à notre époque de spécialisation à outrance, il devient de plus en plus nécessaire de conserver une vue d'ensemble de l'évolution de nos connaissances et de nos croyances.

Je me suis attaché à procéder sans idées préconçues et sans privilégier la raison plutôt que le cœur, la logique plutôt que l'intuition. Tous les faits et toutes les hypothèses méritent également d'être examinés sans parti pris.

L'essentiel me paraît de considérer l'homme dans son contexte biologique au sein de la planète. Je suis persuadé que toute interprétation de l'existence doit prendre en compte la totalité du Vivant au sein de l'Univers.

Je me suis limité au domaine métaphysique de la philosophie, laissant délibérément de côté les « Sciences humaines » : les aspects éthiques et sociopolitiques ne concernent en effet que notre seule espèce, et nous n'avons déjà que trop tendance à tout ramener à nous.

J'ai adopté, pour cette exploration, un ordre chronologique, et commencerai par les grandes religions dites révélées. Si le sentiment religieux a été sans doute le premier en date, il a évolué de pair avec la réflexion métaphysique, alors que les sciences ne se sont dégagées qu'assez tardivement de la philosophie pour occuper une place de plus en plus considérable.

J'ai reporté en appendice des données qui sont pour la plupart de nature scientifique, afin de ne pas alourdir le texte. Ces notes me paraissent utiles pour cautionner certains énoncés inévitablement trop condensés.

II

LES RÉVÉLATIONS

L'esprit religieux soufflait bien avant notre ère. Il habitait déjà l'homme de Neandertal, qui fouillait le sol des cavernes pour y ensevelir ses morts, il y a quarante mille ans. On a retrouvé, à côté de restes osseux, des outils et des offrandes teintées d'ocre rouge, suggérant que les défunts ne mouraient pas tout à fait.

Les dépouilles égyptiennes étaient confiées pour l'éternité à la garde d'Osiris, tandis qu'au Pérou, les squelettes étaient ligotés en position fœtale, les genoux repliés, comme pour une nouvelle naissance.

Les populations primitives révéraient (et révèrent encore) les puissances cachées dans le ciel, l'eau, les arbres, le feu. Tout était signifiant pour les chamans d'Asie ou les sorciers d'Afrique. Le culte des ancêtres se mêlait à celui des esprits, traduisant le respect des origines et le caractère sacré de la filiation.

Certaines croyances étaient largement répandues : celle que les premiers hommes avaient été pétris dans le limon ou l'argile; celle que le ciel était le séjour à la fois des ancêtres et de puissances supérieures. L'humanité encore en enfance avait le goût du merveilleux : géants, titans, monstres, peuplaient l'inconscient collectif, s'exprimant dans l'épopée de Gilgamesh, les fabuleuses aventures du Roi des Singes, l'Odyssée, les travaux d'Hercule... Chaque année, à la fin du printemps, Isis versait une larme en songeant à son défunt époux Osiris, provoquant une bienfaisante crue du Nil. On conservait la mémoire de cataclysmes énormes, déluges, torrents de lave, continents engloutis...

Après les Égyptiens, adorateurs d'Aton le Dieu-soleil, les Hébreux célébraient Iahvé le Dieu unique, dans le même temps que les Perses adoraient Mazda le Dieu-lumière. L'Inde, de son côté, aspirait à se fondre dans le « Brahman », ou conscience universelle, cependant que la Chine et le Japon demeuraient attachés au culte des ancêtres.

La Grèce antique, pour sa part, se préoccupait davantage des mânes de la famille que de l'Hadès ou des Champs-Élysées. Elle cultivait une mythologie foisonnante : la *Théogonie* d'Hésiode contait les amours tumultueuses d'Ouranos le ciel, et de Gaïa la terre, qui avaient donné naissance aux Titans et aux Cyclopes. De l'union de Kronos et de sa sœur Rhéa, naquit une ribambelle d'enfants que le Titan avalait au fur et à mesure. L'un d'eux fut épargné, ce fut Zeus, qui devint comme l'on sait le dieu des dieux. Après avoir vaincu les Titans, puis un monstre, il connut le repos du guerrier, courtisant déesses et mortelles. C'était « l'âge d'or », un temps que les hommes ont toujours situé en amont de leur époque. On invoquait Héphaïstos pour la magie, Apollon pour les oracles, Héra (l'épouse abondamment trompée de Zeus) pour la fécondité, et Aphrodite pour l'amour. Cette dernière était née de l'écume (la semence d'Okéanos), ce dieu que Kronos dut castrer pour mettre fin à ses débordements avec Gaïa la terre. Enfin Déméter, déesse de la germination et de la mort était célébrée à Éleusis...

***

Sur les rives de la Méditerranée orientale trois grandes religions monothéistes se réclamant d'Abraham verront le jour. Jérusalem sera sans cesse conquise et reconquise au nom d'un Dieu unique mais différent. C'est là, dans la ville trois fois sainte, que les Juifs attendent toujours le vrai Messie, celui qui doit apparaître à la Porte Dorée (certains se font d'ailleurs enterrer à proximité pour se trouver aux premières loges au jour du Jugement). Sous cette même Porte, les Musulmans attendent le Conquérant qui doit surgir un vendredi pour libérer la ville du joug des infidèles. C'est de la « Tour de l'Ascension » que Jésus ressuscité s'est élancé vers le ciel, laissant dans le rocher la trace d'un pied. C'est à Jérusalem aussi que Mahomet (bien que mort à Médine) a été vu s'élevant dans l'azur, monté sur un cheval blanc...

Les trois religions d'origine hébraïque ont été « révélées » par le truchement de prophètes, la plupart juifs : Abraham, Moïse... jusqu'à Jean-le-Baptiste. Mahomet, un Arabe, fut le dernier prophète se réclamant d'Abraham.

Pour tenter de se former une opinion sur la crédibilité de ces révélations, il y a lieu de considérer non seulement leur contenu, mais aussi les circonstances historiques de leur élaboration.

En ce temps-là, les tribus nomades ne connaissaient pas l'écriture. La tradition orale ne fut consignée qu'à retardement. Il en est résulté la Bible, faite d'appositions successives, livre dont on ne possède que des copies. Le « Canon » de la Bible hébraïque n'a d'ailleurs été arrêté qu'en l'an 90 de notre ère.

***

L'Ancien Testament

Parmi les cinq livres formant le Pentateuque, celui qui intéresse directement notre propos est le premier, la Genèse. Il nous apprend qu'il ne fallut à Iahvé qu'une semaine pour créer le Monde : le premier jour, il sépara la lumière des ténèbres ; il attendit néanmoins le quatrième jour pour faire « deux luminaires, le grand pour présider au jour, et le petit pour présider à la nuit ». On peut à ce propos s'étonner qu'un seul jour ait suffi pour créer l'Univers et ses galaxies, tandis que plusieurs jours allaient être consacrés à notre modeste planète. Le cinquième jour fut en effet occupé à peupler les eaux et les airs, tandis que le sixième était consacré à la création « des bêtes sauvages selon leur espèce, des bestiaux selon leur espèce et de toutes les petites bêtes du sol selon leur espèce ».

L'homme vint en dernier. Adam fut le seul à ne pas sortir du ventre de la femme comme ses descendants (ce qui n'a pas empêché les peintres de représenter le premier couple avec un ombilic qui ne les rattache à rien). Ce fut la femme qui fut tirée du flanc de l'homme pendant son sommeil, comme une sorte de greffon costal.

On sait ce qu'il advint à l'infortuné couple. Il fut chassé du Paradis terrestre pour avoir goûté au fruit de l'arbre de science. Comme si le désir de savoir était en soi coupable. L'investigation scientifique n'est qu'une forme de contemplation religieuse, dira pourtant Simone Weil. L'agressivité humaine se révélera bien autrement dangereuse. On sait comment Abel, auquel l'Éternel avait donné sa préférence, fut tué par son frère Caïn. Depuis, les hommes n'ont jamais cessé de s'entre-tuer au nom de Dieu, ou pour tout autre motif plus futile.

Il est dit qu'au terme de chaque jour de la Création, Dieu « vit que cela était bon ». Tout content de lui qu'il était, il se repentit néanmoins d'avoir créé l'homme, bien qu'il l'eût façonné à son image. Sortant de son repos du septième jour, Iahvé décida donc d'anéantir dans un déluge les créatures qu'il venait tout juste de sortir du néant.

Il se ravisa toutefois et leur offrit une nouvelle chance. Il choisit Noé, âgé de six cents ans, « le seul Juste qu'il voyait dans cette génération ». Il lui ordonna de construire une arche et d'y placer « sept couples de tout animal pur, un couple de tout animal impur, ainsi que des oiseaux du ciel et un couple de tout ce qui remue sur le sol ». La pluie se déversa pendant quarante jours et quarante nuits. Les montagnes les plus élevées furent recouvertes par les eaux qui « s'élevèrent de quinze coudées, et toute chair – tous ceux qui respiraient l'air par une haleine de vie – expira : hommes, bestiaux, petites bêtes et même les oiseaux du sol furent effacés ». Il ne resta que Noé, et ceux qui étaient avec lui dans l'arche, sa femme, ses trois fils et leurs femmes, ainsi que les bêtes, « couple par couple ».

Il n'est pas fait mention du règne végétal, auquel on attachait fort peu d'importance, ni des micro-organismes dont les Prophètes ignoraient l'existence. On ne saurait le leur reprocher, mais le Créateur, lui, n'aurait pas dû les passer sous silence. Cela dura cent cinquante jours. Il fallut, nous dit-on, plusieurs mois pour que la terre séchât.

Noé vécut encore trois cent cinquante ans... Au lieu de placer leur espoir de longévité dans l'avenir de la médecine, nos contemporains feraient peut-être mieux de chercher en arrière afin de percer le secret des patriarches bibliques.

L'Arche de Noé fait à jamais partie du folklore de l'humanité, comme une légende qui a inspiré de nombreux artistes. Voici pourtant que des photos prises d'un satellite auraient révélé dans l'épaisseur de la glace qui recouvre le sommet du mont Ararat en Turquie, à 5 165 m d'altitude, une forme oblongue mesurant environ 135 m. Seraitce notre embarcation?

Aujourd'hui où l'on considère que la vie est née dans les eaux, l'Arche de Noé peut apparaître superflue : la faune aquatique aurait de toute façon survécu, les poissons auraient pu sortir une seconde fois sur la terre ferme pour recommencer l'évolution, la même ou bien une autre. C'est probablement ce qui adviendrait à la suite d'un conflit atomique, l'océan et ses profondeurs abyssales constituant un refuge et une précieuse réserve de vie.

La Genèse nous conte ensuite l'alliance spécifique conclue entre Iahvé et la descendance d'Abraham : « Abraham avait quatre-vingt-dix-neuf ans quand fut circoncise la chair de son prépuce et Ismaël, son fils, avait treize ans quand fut circoncise la chair de son prépuce *. C'est le même jour qu'Abraham et son fils furent circoncis; toute la maisonnée, les esclaves nés dans la maison ou acquis à prix d'argent d'origine étrangère furent circoncis avec lui... » « ... Tous vos mâles seront circoncis, vous aurez la chair de votre prépuce circoncise, ce qui deviendra le signe de l'alliance entre vous et moi. » On ne peut se défendre d'être surpris par le choix de cette marque d'appartenance divine qui ne peut être imprimée que dans la chair des mâles de race sémitique.

On sait qu'Ismaël était le fils qu'Abraham avait conçu avec une servante égyptienne nommée Hagar. Cela s'était fait avec l'accord de Sara, l'épouse légitime, apparemment stérile. Mais voici que Dieu annonça à Sara âgée de quatre-vingt-dix ans qu'elle concevrait un fils. Cette annonce la fit rire, c'est pourtant ainsi que naquit Isaac. Celui-ci fut circoncis au huitième jour, comme il avait été prescrit par Iahvé. La naissance d'Isaac eut de graves conséquences, elle entraîna le renvoi d'Ismaël et de sa mère, ce qui consommera à jamais la division des Sémites circoncis, en Arabes fils d'Ismaël et Hébreux fils d'Isaac.

Le Dieu d'Israël est un Dieu sévère. Aux commandements signifiés à Moïse, s'ajouteront les préceptes du Deutéronome et plus tard les interdits du Talmud. Au total 613 commandements : 248 prescriptions et 365 interdits... Iahvé ne demande pas d'être aimé mais d'être obéi, le pauvre Job en fait la douloureuse expérience. Le combat de Jacob avec l'Ange annonce les épreuves à venir des douze tribus d'Israël : la lutte fut chaude, elle dura jusqu'à

* J'aime ces répétitions lancinantes tout au long des textes bibliques.

l'aube. Jacob avait affaire à trop forte partie, il dut céder. S'il n'avait eu la hanche déboîtée, il eût pu croire au matin qu'il avait rêvé.

Reste à savoir si cette alliance privilégiée avec Iahvé s'est montrée bénéfique pour Israël. Lorsqu'on songe à la Diaspora, au Temple de Salomon deux fois détruit, on peut considérer ce privilège comme chèrement acquis. Israël a cependant retrouvé la Terre promise et n'a pas perdu l'espoir d'y reconstruire le Temple.

Contrairement aux autres religions monothéistes qui se sont employées à se répandre à travers le monde, Israël n'a jamais cherché à exporter ses croyances. Le peuple élu préfère garder ses prérogatives.

La découverte récente des Falashas a soulevé en Israël une grande perplexité. On avait oublié qu'il y avait en Éthiopie, pays appelé à devenir chrétien, une poignée de Noirs réfugiés au cœur des montagnes, en butte à des persécutions, qui n'en conservaient pas moins un culte biblique datant de la reine de Saba. Le Conseil des Sages de la Torah voyant débarquer des gens d'une autre couleur, ne parlant pas l'hébreu, avec des rites archaïques non moins légitimes que les leurs, éprouvèrent un mélange d'attendrissement et d'exaspération.

L'Ancien Testament, en dépit de son incroyable richesse, ne nous livre pas les secrets de l'Univers. La Genèse a bien du mal à résister aux connaissances scientifiques concernant l'évolution. L'État de Californie a été le seul à réclamer en 1971 que les manuels scolaires de biologie laissent une place égale à la Genèse et à la théorie de Darwin.

Le livre de Daniel, deux siècles avant notre ère, annonçait le Messie. Jésus, un Juif de la famille de David est bien venu, mais la Synagogue aux yeux bandés (le Sanhédrin de l'époque) non seulement ne l'a pas reconnu mais l'a supplicié.

***

Nous ne connaissons l'histoire de Jésus et de sa doctrine qu'à travers les Évangiles. Voyons à quelle date ces textes ont été écrits. Je me référerai à une source non suspecte d'impiété : l'introduction à la « Traduction œcuménique de la Bible » (Alliance Biblique Universelle, 1975). Cette traduction en français du Nouveau Testament est en effet la première qui ait été approuvée à la fois par les Catholiques, les Protestants et les Orthodoxes de langue française, ce qui lui confère une indiscutable autorité.

On apprend que les plus anciens écrits sont les Épîtres de Paul qui datent des années 51-55. Le Juif Paul (Saül) ne connaissait pas Jésus. Il était même à l'origine hostile à ceux qui se disaient chrétiens; c'est ainsi qu'il avait approuvé la lapidation d'Étienne. Ce n'est que trois ans après la Crucifixion qu'il eut la soudaine révélation de sa mission, alors qu'il se trouvait sur le chemin de Damas. Dès lors, il allait jouer un rôle déterminant dans la formulation et la propagation de la foi chrétienne à travers le monde hellénique *.

L'Évangile de Marc, le plus ancien aurait été rédigé dans les années 65-70, soit une trentaine d'années après la mort de Jésus. Les écrits de Matthieu et de Luc sont postérieurs et s'en inspirent. Le plus controversé (tant dans sa date que dans sa source) est l'Évangile selon saint Jean. Certes Jean, fils de Zébédée était le « disciple préféré du Seigneur » et il vécut jusqu'à un âge avancé. Mais on ne sait pas avec certitude si ce texte date de la fin du Ier siècle ou du début du second, ni s'il fut rédigé par Jean lui-même ou bien par ses disciples. Même observation pour « l'Apocalypse » de rédaction encore plus tardive, attribuée éga-

* Rappelons à cette occasion que le nom de « Christ », tiré du grec Christos, l'Oint de Dieu, est postérieur à la mort de Jésus.

lement à Jean. Ce texte n'a été accepté par le « Canon de l'Église » que beaucoup plus tard et non sans réserves.

On apprend que Matthieu avait pour interlocuteurs des Juifs, ce qui explique les nombreuses références à l'Ancien Testament : « N'allez pas sur le chemin des Gentils, allez plutôt vers les moutons perdus de la maison d'Israël... De même que Jonas fut dans le ventre de la baleine trois jours et trois nuits, de même le Fils de l'Homme sera dans le cœur de la terre trois jours et trois nuits. » Cela explique aussi la rencontre de Jésus sur la montagne avec Moïse et Élie, en présence de Pierre, Jacques et Jean.

Quel crédit accorder à ces relations tardives? Que penser en particulier des miracles qui se multiplient chez saint Matthieu? Ce ne sont pas tant les guérisons miraculeuses qui surprennent le médecin que je suis; on en observait déjà dans le sanctuaire d'Esculape à Épidaure. Ce sont plutôt les prodiges physiques : la marche sur les eaux, la multiplication des pains, l'eau changée en vin... Un miracle autrement plus décisif eût été de chasser d'un clin d'œil l'occupant romain, ou mieux encore de procurer une paix définitive aux tribus d'Israël.

J'éprouve une non moindre perplexité à l'égard des paraboles.

« Pourquoi parles-tu en paraboles? », avaient déjà demandé les disciples à Jésus, après avoir entendu la Parabole du Semeur.

Oui. Pourquoi cette forme allusive? Pourquoi ne pas s'exprimer en langage clair pour être compris indistinctement de tous, Juifs ou Gentils? Pourquoi Dieu incarné ne s'est-il pas adressé d'emblée sans ambiguïté, non pas à quelques compagnons mais à tous les habitants de la Terre? Mais les disciples (et Jésus lui-même) ne semblaient pas tellement convaincus de la réalité de cette incarnation? A plusieurs reprises, ils interrogent : « Es-tu le Messie? Celui dont Jean-Baptiste à la suite du Prophète Daniel annonçait la venue. » A cette question Jésus répondait par une autre question : « Et toi qui dis-tu que je suis? » Thomas, un témoin direct, doutait encore au lendemain de la Résurrection. Quel mortel ne souhaiterait pourtant que tout cela soit vrai! Que Dieu se soit fait homme, pour partager nos peines et répondre à notre profond besoin d'amour!

Aucune mention dans les Évangiles du monde végétal, si ce n'est celle d'un pauvre figuier maudit par Jésus qui avait faim et soif alors que l'arbre ne portait pas de fruits. Le monde animal n'est pas mieux traité : un troupeau de porcs va servir de refuge à des possédés et s'abîmer dans les flots en tombant du haut d'une falaise. Ailleurs, des hommes sans valeur sont comparés à des moineaux. On peut s'étonner que l'ensemble du Vivant, parfaitement innocent et tout aussi respectable que l'humanité, ait été ainsi négligé. Ce n'est pas juste : ou bien toutes les espèces sont au même titre des créations divines, ou bien aucune ne l'est.

***

Bien entendu, personne n'a jamais mis en doute l'existence de Jésus, ni son arrestation sur ordre du Sanhédrin pour crime de « séduction » (c'est-à-dire d'atteinte à la loi mosaïque).

Historiens et astronomes ont cherché à dater de façon précise la Crucifixion en tenant compte de l'obscurité qui envahit le Golgotha. Nous savons par Tacite et par les Évangiles que Jésus mourut à la veille de la Pâque juive, dont la date était fixée par la pleine lune, qui se situait selon le calendrier hébraïque le 15 du mois de Nisan. L'on a donc recherché à quelle date un 14 du mois de Nisan avait pu coïncider avec une éclipse de lune susceptible de « rendre le soleil rouge sang ». Il est possible de conclure au 3 avril 33, date à laquelle l'éclipse était bien visible de Jérusalem *(App. 1)*.

La date exacte de la Nativité est en revanche beaucoup plus incertaine. Rappelons que c'est Charlemagne qui

SERVICE 260

Le Restaurateur du Voyage

DATE 27/10/88 TRAIN 604 Voiture 2

Petit-déjeuner		39	
Déjeuner			
Dîner			
Café			
Chocolat - Infusion - Thé			
Eaux plates - Eaux gazeuses			
Eaux minérales			
Jus de fruits - Tonic - Coca - Orangina			
1/4 Perrier			
Bières			
Rosé Provence - Côtes du Rhône			
St-Emilion			
Beaujolais - Bergerac			
Whisky			
Apéritifs			
Digestifs et Alcools			
TOTAL en FF		39,	00

GRAPHIMAGE D'EPINAL

PRIX NETS, TAXES ET SERVICE COMPRIS

En cas de réclamations, prière de joindre cette note.
Pout tout règlement par chèque,
merci de bien vouloir présenter une pièce d'identité.

Société de Restauration
de la Nouvelle Ligne Ferroviaire
83, rue du Charolais - 75012 PARIS

B 012047

R.C. Paris B 321 422 248

merci
A bientôt !...

décida de faire partir l'ère chrétienne de la naissance de Jésus. Le lendemain du solstice d'hiver, le 25 décembre, jour de renouveau, fut retenu. Charlemagne choisit ce premier jour officiel de Noël pour se faire couronner empereur à Saint-Pierre de Rome par le pape Léon III, le 25 décembre 800.

En 1582, le calendrier grégorien (institué par le pape Grégoire XIII), avança la date du 1er janvier pour rattraper le décalage croissant avec les saisons. Cette année-là, on sauta du 4 au 15 octobre. Mais les Chrétiens d'Orient sont restés fidèles au calendrier julien, ils n'ont jamais cessé de fêter Noël un 6 ou 7 janvier.

Bien plus encore que le jour, l'année de la Nativité prête à discussion. On sait que Jésus est né sous le règne d'Hérode-le-Grand, on sait aussi par l'historien Flavius Josephe que la mort d'Hérode serait survenue peu après une éclipse de lune. Il s'agit donc de s'assurer de la date de la mort d'Hérode. On s'est demandé aussi quel événement astronomique remarquable avait pu guider vers Bethléem les Mages venus d'Orient. Malgré *L'Adoration des Mages* de Giotto (dont nous reparlerons), on peut exclure le passage de la comète de Halley, car il se produisit douze ans avant notre ère. En revanche, on pouvait observer une conjonction remarquable de Vénus et Jupiter, les deux planètes les plus brillantes du ciel. Éclipse de lune et conjonction des deux planètes coïncidèrent à deux reprises avant notre ère : en mars de l'an –4 et en juin de l'an –2. Ceci conduit à reculer d'un à quatre ans la date de naissance du Christ. Le tableau chronologique figurant dans la traduction œcuménique de la Bible indique d'ailleurs : naissance de Jésus de Nazareth, vers 6 ou 7 avant notre ère. Crucifixion de Jésus vers l'année 30. Jésus aurait ainsi vécu plus de trente-trois ans.

Un point d'histoire mérite encore d'être évoqué. Il a trait au « Saint-Suaire ». L'ancienneté et les tribulations de cette illustre relique sont maintenant bien connues *(App. 2)*.

Diverses expertises scientifiques ont été conduites afin de préciser son origine et son authenticité *. Un expert suisse a constaté à l'intérieur même des fibres du linceul la présence de grains de pollen provenant d'espèces végétales particulières à l'Asie Mineure. La grande presse a par ailleurs publié des clichés obtenus à diverses longueurs d'onde par une équipe de la NASA. Ces photographies combinées par ordinateur permettent d'obtenir en trois dimensions de saisissantes images en négatif d'un supplicié ayant les stigmates de la Crucifixion imprimés sur le linge.

Ce qui en revanche est moins connu, ce sont les résultats détaillés des examens pratiqués sur les sécrétions séro-sanglantes par l'équipe italienne du Pr P.B. Bollone. Ceux que cette question intéresse trouveront en appendice (3) les détails techniques du prélèvement et de l'examen immunologique pratiqués.

Les experts italiens, utilisant les méthodes en usage en médecine légale pour l'identification des taches de sang, ont établi que ces marques sont bien d'origine humaine. Leur rapport conclut : « La négativité de la recherche des agglutinines et la positivité de l'identification des deux agglutinogènes A et B sur les fibres tachées de sang humain, en comparaison des résultats constamment négatifs obtenus sur les fibres “ blanches ” du linceul, et de la correspondance exacte obtenue avec des taches-tests au moyen de globules appartenant aux groupes A, B, AB et O, autorisent à affirmer que les traces hématiques du linceul contiennent les antigènes érythrocytaires A et B. »

Le rapport n'en dit pas davantage. Mais pour un immuno-hématologiste, il est possible d'aller plus loin. Les déductions que l'on peut faire sont troublantes. Si le groupe trouvé avait été A, ou B, ou O, comme on pouvait statistiquement s'y attendre, aucune conclusion ne serait possible au sujet des ascendants du supplicié. Le destin a voulu

* Le pape Jean-Paul II vient en 1987 de donner l'autorisation de procéder à une datation par le carbone radioactif.

qu'on ait caractérisé le groupe sanguin AB le plus rare (3 à 4 % des sujets de race blanche). C'est le seul groupe érythrocytaire ABO qui puisse renseigner sur l'un et l'autre des deux parents. L'un est nécessairement de groupe A (ou AB), l'autre de groupe B (ou AB). Autrement dit, si Marie appartenait au groupe A (ou B, ou AB), le père possédait nécessairement l'antigène B (ou A, ou AB). Même si Marie avait été du groupe AB elle n'aurait pu transmettre qu'un seul de ses deux antigènes A ou B *(App. 4)*. Ainsi, on ne peut échapper à la conclusion suivante : en supposant qu'il s'agisse bien du linceul de Jésus et que la puissance divine n'ait pas transgressé les lois biologiques qu'elle avait elle-même instituées, le crucifié du Saint-Suaire avait pour père un homme appartenant au groupe A, B ou AB.

Si Jésus n'était qu'un homme, rien qu'un homme, souffrant dans sa chair et dans son âme, la Passion n'en devient que plus pathétique. Certes, on peut considérer qu'il était alors homme et pas encore Dieu. Mais pareille conception priverait de toute signification le mystère de la Nativité et de l'Immaculée Conception de la Vierge.

On était la veille du Sabbat, on décida en raison du début de la Pâque de dépendre le jour même les trois suppliciés. On brisa, nous dit Renan, les membres des deux larrons pour les achever. On ne jugea pas semblable traitement nécessaire pour Jésus qui avait manifestement trépassé. On plaça le corps dans le tombeau que Joseph d'Arimathie avait fait construire pour lui-même. Au matin le sépulcre fut trouvé vide, la pierre qui le fermait avait été déplacée...

La foi en la Résurrection est le pilier du Christianisme. Certes, Lazare avait auparavant été ramené à la vie, Lazare sentant déjà mauvais, nous précise Jean, mais voici que Jésus lui-même était sorti du tombeau : « On a enlevé mon Seigneur, s'écrie Marie de Magdala, et je ne sais où on l'a mis. »

Les Évangiles sont assez imprécis au sujet de ce qu'il advint au cours des journées et des semaines qui suivirent :

Matthieu mentionne la présence auprès du Sépulcre d'un Ange qui annonce que Jésus ressuscité s'adressera aux disciples en Galilée. Jean indique qu'un homme s'est montré aux Saintes Femmes qui l'aurait d'abord pris pour un gardien. Par la suite, Jésus serait apparu à deux reprises à ses disciples rassemblés; la seconde fois, il aurait fait toucher ses stigmates à Thomas l'incrédule. Une troisième fois on le signale au bord du lac de Tibériade. Luc mentionne la rencontre faite par deux pèlerins sur la route d'Emmaüs : un inconnu leur relate la disparition de Jésus, et sa Résurrection.

Ainsi, le nombre et le lieu des réapparitions varient selon les Évangélistes. On peut s'étonner que Jésus ressuscité, devenu ou redevenu Dieu, se soit attardé quelques semaines sur Terre pour réapparaître à ses disciples de façon épisodique et changeante, presque furtive. Mais la foi ne se soucie pas de logique, ainsi qu'en témoigne cette déclaration surprenante de saint Ignace dans une Épître du IIe siècle : « Je sais qu'après sa Résurrection, Jésus a été en chair et je crois qu'il l'est encore. »

L'Ascension se situe quarante jours après Pâques, mais elle fut, comme la Résurrection, sans témoins. Il est dommage que ces deux événements décisifs ne se soient pas déroulés devant la foule assemblée au Golgotha. La vérité éclatante aurait convaincu, non seulement les Juifs présents, mais l'humanité entière, épargnant les guerres de religion et la division des cultes...

* * *

Il est intéressant d'apprendre comment, à partir des Évangiles et des Épîtres de Paul, le Christianisme s'est étendu au monde occidental. Ce qui frappe, c'est la lenteur du développement initial, encore que le même phénomène s'observe pour le Bouddhisme et l'Islam.

Tout semble indiquer qu'après la mort de Jésus, la vie en Palestine s'est poursuivie comme si rien ne s'était passé : Jonathan succède à Caïphe et est comblé d'honneurs. Les historiens de l'époque, tel Philon, ne parlent pas du Christ. Josèphe, né en 37, mentionne la Crucifixion de Jésus sans s'y arrêter et ne cite même pas les Chrétiens parmi les sectes de son temps.

Durant trois siècles, le Christianisme se développera dans l'ombre, se frayant un chemin parmi diverses tendances : Gnose, paganisme déclinant, philosophie stoïcienne célébrée par plusieurs empereurs romains, jusqu'à Marc-Aurèle. La doctrine chrétienne naissante est surtout en concurrence avec la philosophie de Plotin et avec le Gnosticisme qui rassemblent certaines élites cultivées *(App. 5)*.

Il semble qu'à l'origine la doctrine chrétienne ait surtout attiré les simples, les esclaves, les pauvres, ainsi que certaines minorités opprimées, juive et levantine. Elle leur apportait l'espoir d'une compensation future et la promesse d'un monde meilleur. Les premiers groupes chrétiens vivaient dans une semi-clandestinité, ils furent l'objet de persécutions qui commencèrent sous Néron en l'an 64.

Le vertueux Marc-Aurèle qui détestait les jeux du cirque et fit beaucoup pour la défense des esclaves et des orphelins, laissa cependant martyriser les Chrétiens. Ceux-ci loin de craindre le supplice paraissaient le rechercher *(App. 6)*. Ils semblaient trouver une étrange béatitude à mourir comme le Christ et pour lui. L'Empereur considérait ces hommes et femmes comme des illuminés ayant une foi, absurde à ses yeux, en la résurrection de la chair. Le paradoxe a voulu que ce soit son fils Commode, au tempérament brutal, grossier et cruel qui les laisse en paix. Ce redoutable personnage d'une force et d'une stature extraordinaire, qui se livra à une débauche effrénée, était (bienheureusement pour les Chrétiens) un tyran décidé à prendre en tous points le contre-pied de son auguste père.

En fait, le Christianisme ne trouve véritablement droit de cité qu'à partir de la victoire de Constantin sur Maxence.

Constantin attribua en effet son succès au signe du « chrisme » * qu'il avait placé sur les boucliers de ses soldats avec la devise « In hoc signo vinces ». La victoire du pont Milvius devient ainsi celle du Christianisme sur le Paganisme. L'empire qui s'étend d'un bout à l'autre de la Méditerranée, de Rome à Constantinople, offre à la nouvelle doctrine toutes ses chances de cohésion et d'universalité. Les premiers grands monuments chrétiens sont édifiés, l'église du Saint-Sépulcre à Jérusalem, Sainte-Sophie à Constantinople, les basiliques du Latran et du Vatican à Rome.

Pourtant, à peine une dizaine d'années plus tard, au Concile de Nicée (325), les évêques d'Orient et d'Occident n'arrivent pas à s'entendre sur la définition de la Trinité. Les querelles d'influence entre les deux Églises vont se poursuivre de concile en concile. Les divergences en s'accentuant vont aboutir au Xe siècle au schisme entre Église romaine et Église orthodoxe. Saint Augustin, le fils de sainte Monique, l'évêque d'Hippone, joue un rôle déterminant, en structurant la doctrine du Christ face aux hérésies du Donatisme et du Pélagianisme.

Huit siècles plus tard, saint Thomas d'Aquin s'emploie à concilier religion et raison, tout en établissant la prééminence de la foi. Après avoir énuméré les trois éléments qui conduisent à croire (la raison, les prophéties, la prédication des Apôtres), il ajoute : « Quand un homme aura été ainsi conduit jusqu'à la foi, alors il peut dire qu'il ne croit pour aucun des motifs précédents, ni à cause de la raison naturelle, ni à cause de la loi, ni à cause de la prédication des hommes, mais seulement à cause de la vérité première. C'est de la lumière que Dieu infuse que la foi tient sa certitude. »

Primauté de la foi sur la raison. N'était-ce pas ce qu'exprimait déjà Tertullien, au IIe siècle, par une sorte de

* Les deux premières lettres grecques de Christos.

boutade : « Credo quia absurdum » ? Vous avez bien compris : je crois parce que c'est absurde (et non bien que ce soit absurde, c'est-à-dire, sans doute, trop absurde pour avoir été inventé).

La plupart des fidèles sont de nos jours persuadés que les dogmes remontent à l'origine, c'est-à-dire au Ier siècle de notre ère, alors qu'ils n'ont trouvé leur forme définitive que très progressivement. Certains sont tout récents, tels celui de l'Immaculée Conception de la Vierge (1854), et celui de son Assomption (1950).

L'exemple des grands mystiques a probablement eu plus d'influence pour la propagation de la foi que les doctes textes des théologiens : ainsi, François d'Assise, Jean de la Croix, Thérèse d'Avila vont prendre en quelque sorte le relais des martyrs des premiers siècles.

François d'Assise est le prototype de ces âmes d'élite qui rapprochent de Dieu. Après une jeunesse aisée et insouciante, le jeune homme décide soudain de faire don de son armure toute neuve à ses compagnons de fête. Comme Bouddha dix-huit siècles auparavant, il choisit de devenir pauvre parmi les pauvres. Il mendie pour réparer de ses mains la chapelle de Saint-Damien. Accompagnant les Croisés à Saint-Jean-d'Acre, il tente de convertir le Sultan. Il échoue mais force son admiration par sa ferveur et gagne son amitié. Revenu à Assise, il s'établit dans une hutte de branchages où il vit en compagnie des oiseaux et de « nos frères les loups ». Il obtient du Pape la reconnaissance de ses « Frères Mineurs », ainsi qu'un privilège : ceux qui viendraient prier à Sainte-Marie-des-Anges verraient leurs péchés remis. Ce fut l'origine du *Pardon d'Assise* qui lui valut l'hostilité du clergé local (lequel monneyait encore ses indulgences).

Affaibli par le jeûne et la pénitence, François porte un cilice sous sa robe pour souffrir à l'imitation de Jésus. Devenu squelettique, il a la joie de voir apparaître au niveau de ses mains et des ses flancs les stigmates de la

Passion. Le « Poverello » s'éteint en 1226, à l'âge de quarante-six ans. Couché à même la terre, il se fait recouvrir de cendre et de poussière pour accueillir « Dame la Mort ». Il est un des rares chrétiens à placer toutes les créatures sur le même rang et à les célébrer dans son *Cantique du frère soleil*, premier poème écrit en langue italienne.

L'acmé de la foi chrétienne se manifeste au Moyen Age, nous en trouvons une des expressions la plus haute dans la peinture et dans l'édification des cathédrales. Cependant, l'inconduite notoire d'une partie du clergé entraînera un second schisme au sein de la Chrétienté, celui de la Réforme, avec son cortège de guerres de religion. Une fois de plus on s'entre-tuait au nom de Dieu. Guerre civile aberrante où les deux parties se réclamaient du Christ, oubliant qu'il prêchait la non-violence et le pardon des offenses.

***

Tournons-nous maintenant vers l'Islam, et tâchons de comprendre d'où la religion musulmane tire sa vitalité et son actuel dynamisme.

L'histoire du dernier envoyé de Dieu, relativement récente, est mieux connue que celle des précédents fondateurs de religion, encore que la plus ancienne de ses biographies n'ait été rédigée qu'avec un retard de deux siècles.

La vie de M'hamed (le Loué) se déroule d'abord sans grandes particularités. Il était orphelin et fut élevé par son grand-père, puis par un oncle. Sa première épouse, Khadidja, son aînée de quinze ans, joua un rôle essentiel. C'était une riche veuve qui organisait des transports par caravanes jusqu'en Syrie. Elle lui procura un emploi de caravanier, puis l'associa à ses affaires et par la suite à sa vie. Ils eurent quatre filles dont Fatima, future femme d'Ali. Khadidja fut la première à croire en la mission divine du Prophète qui ne se révéla qu'assez tard. Mahomet avait quarante ans lorsqu'il entendit pour la première fois dans le désert la voix de l'Ange Gabriel (Djibraïl) qui lui annonçait sa mission : faire connaître aux hommes la volonté de Dieu. Les révélations ne reprirent que trois ans plus tard.

Après la mort de Khadidja, Mahomet dut abandonner son activité par suite de différends avec son beau-frère et en raison d'une hostilité croissante des habitants de La Mecque, jaloux de son influence. Il partit pour l'oasis de Yathrib en 622. Cette date marque l'an 1 de l'Hégire (l'émigration). Yathrib devait devenir « Medina el Nabi » (la ville du Prophète, appelée depuis Médine).

Il eut dix autres épouses. La troisième, Aïcha, qu'il épousa lorsque celle-ci avait neuf ans fut sa favorite. Les Musulmans la révèrent tout particulièrement parce qu'elle était la fille d'Abou Bekr, celui qui serait appelé à devenir son successeur et le premier Calife ou Commandeur des Croyants.

Parmi ses autres épouses, mentionnons Um Habiba, qui était la veuve d'un Chrétien, puis la dixième qui était juive. Ceci traduit l'éclectisme du Prophète qui était imprégné d'esprit biblique. D'ailleurs, une fois à Yathrib, il eut au départ les meilleures relations avec les Juifs. Tous se prosternaient ensemble vers Jérusalem pour prier. Par la suite, tout en demeurant attaché à la tradition d'Abraham (Ibrahim), le Prophète et ses disciples s'en séparèrent.

La doctrine enseignait que la première maison d'Allah, édifiée par Adam, avait été détruite au moment du Déluge. Elle avait été reconstruite à La Mecque par Abraham et son fils Ismaël. C'était la « Kaaba ». Elle contient, enchâssé dans un de ses murs, un aérolithe, une « Pierre noire » tombée du ciel, envoyée par l'Ange Gabriel à Abraham. Désormais pour prier, les Musulmans ne se tourneront plus vers Jérusalem mais vers La Mecque.

Le Coran, réputé par ses fidèles comme « increé » et « inimitable », fut à l'origine rédigé dans un alphabet difficile à déchiffrer sur des omoplates de chameaux ou sur des peaux. Nombre de sourates sont directement inspirées de l'Ancien Testament : elles ont trait à Abraham, à Noé, Jonas, Job, Moïse (Moussa)... Adam et Ève ont bien été chassés du paradis, mais il leur a été accordé d'habiter la Terre, sans qu'il leur soit tenu rigueur du péché originel dont ils se sont repentis.

Jésus (Sidi Aïssa) est célébré ainsi que sa mère Maryam, mais le Christ n'est pas considéré comme Fils de Dieu, et moins encore comme Dieu lui-même. Jésus exprime le verbe et l'esprit de Dieu, il est un « Nabi », c'est-à-dire un prophète (pour les Bouddhistes Jésus est de même un Bodhisattva). Il sera présent en même temps que Mahomet au jour du Jugement Dernier. Les Justes auront droit au Paradis d'Allah. L'Islam ne considère pas l'homme créé à l'image de Dieu. Il est inconcevable pour les Musulmans, comme pour les Hébreux, de vouloir représenter l'Éternel.

Mahomet se révèle aussi bon conquérant qu'éloquent prophète, c'est à la force du sabre qu'il vient à bout de ses opposants mecquois. Bien qu'en principe ne soient saintes que les guerres défensives, c'est au nom de la « Djihad » que les Arabes ont exporté l'Islam en Afrique et jusqu'en Inde. La lutte de Kadhafi, celle des Palestiniens, la terrible guerre Iran-Irak se réclament de la Djihad, au même titre que la lutte contre Israël.

Comment expliquer le rayonnement de l'Islam?

Sans doute faut-il l'attribuer pour une part à la rigueur de ses rites collectifs. El Hadj, le pèlerinage, est une purification : il s'agit de faire sept fois le tour de la Kaaba, de boire au puits de Zam-zam, qui sauva jadis de la soif Hagar et son fils Ismaël, et enfin de toucher la Pierre noire. Les obligations que respecte tout Musulman sont au nombre de cinq (constituant les cinq piliers de la foi) : outre la Fatiha, profession de foi inscrite dans la première sourate, et le pèlerinage déjà mentionné, ce sont : la prière rituelle répétée cinq fois par jour en se prosternant en direction de La Mecque, l'aumône légale et le Ramadan.

La prière rituelle constitue pour les fidèles l'essentiel de la liturgie. Il n'y a en effet ni clergé hiérarchisé ni sacrements. La foi de l'Islam vient de la répétition de la prière à heures fixes : en quelque endroit que le fidèle se trouve, quel que soit son rang social, il est appelé à témoigner sa ferveur en présence de tous. Cet exercice n'est pas seulement un signe de ralliement, véritable réflexe conditionné, il apparaît salutaire aux divers sens du mot. Alors que les prie-dieu disparaissent de nos églises et que se perd chez nous l'habitude de s'agenouiller et de se confesser, l'expression gestuelle collective de sa croyance fortifie l'Islam.

Le Ramadan est une longue action de grâce, un sacrifice partagé. C'est une épreuve sévère qui s'étend sur tout un mois lunaire. Il célèbre la victoire de Badr, où Mahomet triompha au printemps de l'année 624 des troupes mecquoises. De l'aube jusqu'au coucher du soleil, il est interdit de boire, de manger, de fumer ou d'avoir des rapports charnels. Il s'agit d'un véritable jeûne et non pas du simulacre catholique. Ici encore, c'est le caractère public et collectif de l'interdit qui en fait la force.

L'Islam possède globalement deux fois moins de fidèles que les religions chrétiennes, mais les six à huit cents millions de Musulmans, répartis sur les divers continents, partagent une même foi militante qui compense largement l'infériorité numérique. En Afrique noire la religion du Prophète vient à l'emporter sur le Christianisme. Sans doute est-ce dû à la simplicité des rites, au caractère patriarcal de la famille islamique et au fait que le Christianisme était la religion des anciens colonisateurs. Les Noirs ont oublié que les Arabes furent autrefois esclavagistes et impérialistes...

En revanche, le monde arabe qui était lors du premier millénaire à l'avant-garde de la civilisation (dans les domaines de la philosophie, de l'astronomie, de la médecine et des mathématiques) s'est depuis longtemps laissé dépasser. Un penseur de l'âge d'or de l'Islam, Al Ghazali (mort en 1111) considérait qu'il n'y avait pas d'antinomie entre science et religion : évoquant les éclipses de lune et de soleil, il écrivait ; « Celui qui croit qu'il entre dans son devoir religieux de ne pas croire en ces choses affaiblit la cause de la religion. » Cet état d'esprit est bien loin. A présent un fanatisme rétrograde et des querelles entre Chiites et Sunnites affaiblissent l'Islam autant qu'ils le galvanisent. Ainsi que le disait le cardinal Lustiger : « Le problème de l'Islam, c'est de trouver le chemin de la rationalité. Celui du monde chrétien, c'est de retrouver celui de la spiritualité. »

***

L'Inde vit depuis toujours dans la familiarité du sacré. Un foisonnement de doctrines associe une profusion de mythes, de poèmes épiques et de pratiques ascétiques. Les brahmanes enseignent la multiplicité des apparences et l'unité du Tout, comme si la vie représentait un permanent effort pour transcender la matière dont elle est issue et demeure tributaire.

Le détachement est une très ancienne recette pour échapper à la souffrance qui est le lot immémorial de tout Indien. C'est une aspiration diffuse et collective d'une population misérable et inspirée pour s'affranchir du désespoir et progresser dans le cycle des renaissances. Nulle part, on ne perçoit mieux qu'à Bénarès la fragilité de l'existence : des foules immenses et faméliques convergent vers le grand fleuve limoneux avec l'espoir de mêler un jour leurs cendres avec les eaux descendues des neiges éternelles de l'Himalaya.

Les doctrines de ce lointain Orient n'ont que faire des belles certitudes propres aux religions monothéistes. A leur fixisme, elles opposent la mouvance. Shiva est à la fois créateur et destructeur et la roue de la vie ne cesse de malaxer tout ce qui existe. Dans un Univers en perpétuel remaniement, rien n'apparaît immuable, pas même le divin. Le « lingam » de Shiva, symbole de fécondité et les scènes érotiques au fronton des anciens temples célèbrent les sources de la vie, contrastant avec le tabou de la sexualité commun aux religions judéo-chrétiennes.

Les textes hindouistes (comme les écrits bibliques) se sont élaborés au fil des siècles : Védas, Brahmanas, Upanishads... La Trinité hindoue rassemble Brahman, l'Être suprême (dont l'Atman, petite flamme individuelle, est une parcelle), Shiva qui détient l'énergie cosmique, tandis que Vichnou est une entité protectrice. Divinités ambiguës, aux attributs quelque peu interchangeables. Rama et Krishna sont des avatars de Vichnou, tandis que Shiva se manifeste sous diverses apparences masculine et féminine, tantôt bienveillante (Parvati) tantôt redoutable (Kali ou Durga). Les croyances asiatiques ne s'embarrassent pas de contradictions et les contraires font bon ménage. Créations et destructions cycliques brassent tout ce qui vit : individus, espèces, doctrines, civilisations.

L'Hindouisme est naturellement tolérant : à chacun sa religion selon sa voie individuelle. Nul dogme impérieux. Ainsi, tandis que les Occidentaux parlent d'œcuménisme sans jamais y parvenir, les Orientaux l'ont mis tout naturellement en pratique depuis des millénaires. Ils acceptent le monde dans sa diversité, avec ses contradictions et ses incessantes transformations. Les maîtres spirituels enseignent en premier lieu qu'ils ne sont rien et qu'ils ne savent rien. Le monde est une illusion, puisque nous le percevons distinct alors que nous en faisons partie.

C'est sur ce terrain de libre spiritualité que s'est développé le Bouddhisme.

La notion du sacré, les rites, les temples, les bonzes, des centaines de millions d'adeptes, en font une grande religion. Mais s'il n'est pas de religion sans dieu, ni sans salut individuel, on peut aussi bien y voir une philosophie vivante et collective.

On connaît l'histoire de Bouddha.

Six siècles avant notre ère, naissait au Népal dans la

tribu des Sakyas un prince nommé Gautama. A seize ans, il épousait une jeune princesse dont il eut un fils. Jamais le Bouddha ne se considéra lui-même comme d'essence divine. Mais, dans leur ferveur, les disciples discernèrent par la suite, comme pour Jésus et Mahomet, les marques d'une naissance surnaturelle : la mère du Sage des Sakyas (Sakyamouni), la vertueuse reine Maya, épouse du roi Suddhona, vit en songe un petit éléphant blanc descendre du ciel et pénétrer son flanc droit. Ainsi le futur Bouddha se forma en son sein par une conception exceptionnelle, comme celle de l'enfant Jésus. Un ermite vint, comme un de nos mages, rendre visite au nouveau-né. Voyant l'enfant rire et pleurer, il annonça qu'il souriait parce qu'il serait le Sauveur de l'humanité et qu'il pleurait parce qu'il ne vivrait pas assez longtemps pour assister à cet accomplissement.

Gautama décida un jour de faire retraite ainsi que c'était la coutume chez de nombreux Hindous. Il partit laissant sa famille et ses biens pour mener une existence ascétique en vivant d'aumônes. Non satisfait de l'enseignement de deux maîtres brahmanes, il médita longtemps dans la forêt et résista à Mara le mauvais. Au bout de six années vinrent l'Éveil et l'Illumination après qu'il eut découvert la « chaîne des causalités » qui comporte douze maillons expliquant pourquoi l'homme est affligé par la vieillesse et la mort : vieillesse et mort proviennent de la naissance. La naissance résulte de l'existence. L'existence est provoquée par l'attachement. L'attachement est causé par le désir. Le désir résulte des sensations. La sensation est causée par le contact. Le contact provient des organes des sens. Ceux-ci résultent du nom et de la forme. Le nom et la forme sont déterminés par la conscience. La conscience résulte du « karma » et le karma est aux prises avec l'ignorance. Ainsi l'ignorance est-elle le premier maillon de la chaîne, générateur de toutes les peines et de toutes les souffrances...

CQFD, est-on tenté d'ajouter. Mais ceci aurait quelque chose d'irrévérencieux qui n'est pas dans mon intention.

Je reste toutefois frappé par cette fascination très asiatique pour les chiffres : quatre nobles vérités, neuf niveaux de conscience, dix royaumes de l'existence, huit voies de la délivrance...

On retiendra surtout que l'existence est souffrance et que la délivrance ne peut venir que de l'arrêt du cycle sans fin des renaissances. On ne peut y parvenir que par la compassion, le renoncement au désir et l'abolition des frontières séparant l'individu du Tout. L'Éveil promet ainsi une mort sans naissance nouvelle, une désincarnation définitive, à l'inverse du Christianisme qui offre une réincarnation éternelle. Pour les Bouddhistes, est devenu « Tathaga » celui qui est parvenu sur l'autre rive où il atteint une conscience sans limites. Est-ce là une vie éternelle ou bien une mort éternelle? Est-ce pure conscience ou pure inconscience? Nul ne peut le dire.

Pour le biologiste qui sait que la mort supprime les frontières, l'intérêt de devancer ce retour de son vivant n'apparaît pas évident. En revanche, ce qui séduit dans la doctrine bouddhiste, c'est sa profonde humilité et le respect de toutes les formes de vie. Parmi les quelques objets dont dispose un moine : robe, rasoir, aiguille, chapelet, figure un filtre à eau pour ne pas avaler par mégarde quelque animalcule. Le Sutra du Lotus prêche la dignité de toutes les espèces. Ashoka, trois siècles avant notre ère avait édifié des maisons de soins pour les bêtes. Mais on ne peut éviter les contradictions : être végétarien, c'est encore détruire la vie, car la vie végétale n'est pas moins estimable que la vie animale.

La méditation bouddhiste ne se limite pas à l'esprit, elle fait aussi participer le corps par la relaxation et la maîtrise de la vie végétative. Il s'agit de développer la conscience « somatique » et de s'assumer dans sa globalité en vue de communiquer avec le Tout. Corps et esprit partagent ici le même destin.

Les représentations de Bouddha et des Bodhisattvas

(comme les effigies catholiques) n'apparaissent qu'avec quelques siècles de recul. Ce culte de l'image me semble d'ailleurs quelque peu en contradiction avec une doctrine qui conteste les entités individuelles et qui enseigne que tout n'est qu'apparence.

On observe, comme pour le Christianisme, un grand décalage entre l'enseignement oral du Bouddha et de ses disciples et les premiers textes. Ananda, le plus proche compagnon de Gautama, « le premier défenseur de la Loi » avait, dit-on, une mémoire prodigieuse qui lui permit de recueillir les paroles du Bouddha.

Le Bouddhisme mit autant de temps à s'imposer en Inde (pour y dépérir par la suite) que le Christianisme pour s'épanouir en Asie Mineure et à Rome. Il fallut, dans l'un et l'autre cas, trois siècles et l'appui d'un empereur : Asoka joua en Inde un rôle comparable à celui de Constantin à Rome et à Byzance, transformant une doctrine confidentielle en religion d'État.

Le Bouddhisme s'est répandu dans la totalité de l'Extrême-Orient.

Le Dharma hindouiste interdisait à tout brahmane de traverser les mers et les frontières himalayennes sous peine de perdre sa caste, ce qui était pire que de perdre la vie. Les moines bouddhistes avaient quant à eux rejeté la notion de castes, ils étaient donc libres de propager leur doctrine. Au cours des siècles qui suivirent, des moines voyageurs introduisirent ainsi progressivement l'enseignement de Bouddha dans tout l'Extrême-Orient, convertissant par leur exemple d'autres moines et des lettrés. L'Inde, berceau du Bouddhisme, revenait pour sa part à ses traditions et à ses croyances ancestrales.

Rien ne paraissait prédisposer la Chine industrieuse et pratique à une doctrine enseignant le détachement, d'autant que les croyances locales y étaient solidement implantées. Pour qui veut tenter de saisir la complexité de la vie religieuse asiatique, où les doctrines et les pratiques se sont additionnées sans s'exclure, je rappelle en appendice *(App. 7)* l'essentiel des doctrines de Maître Cong (Confucius) et du « Vieux Maître » (Lao-Tseu), ainsi que les formes que prirent le Bouddhisme en Chine, au Japon et au Viet-nam.

La doctrine de Bouddha n'a jamais atteint le bassin méditerranéen : au moment où elle aurait pu se propager en Grèce, le Christianisme naissant offrait la promesse d'une résurrection individuelle plus séduisante que le renoncement. Le monde gréco-romain, pétri d'humanisme, centré sur lui-même, avait besoin d'un Dieu personnel. Le tempérament occidental, habitué à l'action ainsi qu'à la recherche d'une rétribution ou d'un profit, s'accommode mal de la méditation et du dépouillement. Le succès mondain du Yoga tient pour une part à l'attrait de l'exotisme. Mais la spiritualité ne s'acquiert pas en quelques heures de gymnastique hebdomadaire. Certes, il existe en France quelques sectes d'origine orientale, mais les fidèles, dont les motivations sont diverses, se trouvent coupés des rites de masse et des grandes cérémonies religieuses.

La biologie nous a appris l'unité du Vivant, ainsi que les échanges incessants qui s'opèrent au sein des espèces végétales et animales. Les acquis scientifiques s'harmonisent beaucoup mieux avec les doctrines orientales fondées sur le renouvellement universel, qu'avec le fixisme et l'anthropocentrisme des religions judéo-chrétiennes. L'ensemble du Vivant, toujours jeune et en constante expansion, n'a que faire des individus sur le déclin.

Est-ce à dire que les biologistes seraient des bouddhistes qui s'ignorent? Certes ils ne peuvent qu'être séduits par une conception unitaire et mouvante du monde. Ils ne sauraient toutefois souscrire au concept de la métempsycose. Une conservation simultanée de l'esprit et de l'identité à travers le brassage universel est biologiquement exclue. De surcroît, le Bouddhisme implique une renonciation à l'action qui est antiphysiologique. Lorsque la vie nous abandonnera, il sera bien assez tôt pour se fondre dans l'indivis dont la naissance nous avait provisoirement tirés.

Les anciens philosophes grecs, les Présocratiques contemporains de Bouddha, partageaient nous le verrons certaines des intuitions de l'hindouisme. La croyance pythagoricienne en la transmigration des âmes, le *Panta rei* d'Héraclite, l'atomisme de Démocrite, sont proches des conceptions orientales.

***

De ce rapide survol des *Révélations* je voudrais dégager les quelques points suivants :

Deux des principales doctrines, le Christianisme et le Bouddhisme ont réussi hors de leur contrée d'origine, attestant qu'il est difficile d'être prophète en son pays.

Les grandes religions ont mis plusieurs siècles pour se répandre et les premiers écrits ont consigné une tradition orale avec une ou plusieurs générations de décalage. Ces témoignages à retardement introduisent de nombreux ajouts. Si les fondateurs pouvaient revisiter la Terre, il n'est pas certain qu'ils reconnaîtraient leur enseignement dont le contrôle semble leur échapper. (On pourrait en dire autant de Marx.)

Les religions occidentales prétendent détenir chacune la vérité, ce qui suggère qu'aucune ne la possède. De même en médecine, tant qu'on ne dispose pas du traitement spécifique d'une maladie, les remèdes proposés sont nombreux et peu efficaces.

La multiplication des schismes et des Églises, comme celle des sectes, est suspecte. Les Églises d'Orient et d'Occident se sont séparées sur la question futile de savoir si, dans la Trinité, le Saint-Esprit dérivait du Père ou bien du Fils. L'Église anglicane a rompu avec la Papauté parce qu'Henri VIII entendait épouser Anne Boleyn qu'il devait par la suite faire décapiter (pour épouser Jeanne Seymour dès le lendemain de l'exécution).

Les religions se combattent, se concurrencent et souvent se dénigrent. Averroès s'étonnait que les Chrétiens mangeassent la divinité qu'ils avaient créée. Musulmans et Israélites, Chrétiens et Musulmans, Sunnites et Chiites, Catholiques et Protestants... n'ont cessé de s'étriper.

Est-ce possible que Dieu laisse ses créatures partagées entre des doctrines irréductibles, aux prises avec l'erreur? Que ne désigne-t-il la vraie religion, et, si aucune n'est vraie, pourquoi ne le proclame-t-il pas?

Si Dieu existe, on comprend mal qu'il puisse supporter la violence et la souffrance, et les Justes au Paradis, assis à sa droite, devraient se préoccuper de leurs malheureux descendants. L'injustice, l'exploitation de l'homme par l'homme, la misère de nombreuses populations démunies, autant de pierres d'achoppement! Comment un Dieu de bonté, de miséricorde peut-il tolérer le Mal?

Pour innocenter Dieu, il a fallu « charger » la créature. D'où l'invention judéo-chrétienne du « péché originel », et, chez les Bouddhistes, l'hypothèse d'un mauvais « karma » (c'est-à-dire d'accomplissements insuffisants au cours des vies antérieures). Si Dieu nous a créés à son image, comment se fait-il que nous ne soyons pas « impeccables »? Un paradis terrestre n'eût pas dû receler pièges et fruits défendus!

Maxime-le-Confesseur (Père de la théologie byzantine au VIIe siècle) a poussé le masochisme jusqu'à considérer que la sexualité et la mort étaient la rançon du péché originel, oubliant que celles-ci étaient partagées par toutes les espèces. Sans la sexualité, ce vénérable personnage n'aurait pas vu le jour et n'aurait pu proférer semblable énormité. Les croyants me semblent d'ailleurs (crimes mis à part) attacher une importance quelque peu excessive à leurs faits et gestes, comme si dans l'Univers il n'y avait rien de plus essentiel à considérer que les actes individuels de milliards de créatures passées, présentes et futures.

Tolstoï se plaignait que la science fournît des réponses

très exactes à des questions qu'on ne lui posait pas. Il en est de même des Écritures, elles ne répondent pas aux questions fondamentales que, pour ma part, je me pose. C'est d'abord l'Univers que je voudrais qu'elles m'expliquent, son origine, ses dimensions. Est-il fini? Ensuite, la répartition du Vivant dans l'Univers, la naissance de la Vie sur Terre, son évolution présente et future, et pas seulement l'avenir de nos petites personnes. On voit bien que les religions ont été bâties par des hommes, pour des hommes. Pourquoi Dieu aurait-il attendu ces tout derniers millénaires pour se révéler à l'humanité, laissant pendant des centaines de milliers d'années nos lointains prédécesseurs dans l'ignorance!

« Ou bien l'homme est une idée de Dieu, ou bien Dieu est une idée de l'homme », écrit Jean Guitton, opposant le spiritualisme de la première hypothèse au matérialisme de la seconde, en oubliant qu'au mieux l'homme n'est qu'une idée parmi des millions d'autres, si l'on songe à la multitude d'espèces créées.

Une Révélation est à prendre en bloc ou à laisser. On ne peut adopter dans les Écritures que ce qui plaît : récusez un seul Livre de la Bible, la Genèse par exemple, et l'ensemble perdra toute crédibilité. De toute évidence, les deux grands ressorts de la Foi sont passionnels : ce sont l'espérance d'une survie et le besoin d'amour.

L'espoir de survie est une sublimation de l'instinct de conservation, très profondément ancré chez tout être vivant. Non seulement il y a l'espoir d'une autre vie mais d'une vie meilleure, en compensation des misères présentes.

Et puis, il y a le besoin d'amour : d'aimer et d'être aimé. Plus vif peut-être encore chez les agnostiques, conscients de n'avoir qu'une vie. Être aimé, quel homme ne le souhaiterait-il pas! Mais on discerne mal pourquoi Dieu, lui aussi, aurait besoin d'être aimé de ses créatures. Il est inimaginable qu'il goûte vraiment la prière, l'adulation, l'encens. Cela supposerait un étrange narcissisme. Celui qui a créé l'Univers ne peut être que très au-dessus de ces dérisoires vanités.

Aimer suscite d'autant plus de ferveur que l'objet de l'amour apparaît à jamais hors d'atteinte. D'où la fascination que peut exercer l'Aimé chez les grands mystiques dont beaucoup souhaitent voir venir la mort pour se fondre avec lui. Au XVIIe siècle, la ferveur s'exprime encore dans le « Quiétisme » qui séduit Mme Guyon (dont la fougue émeut Fénelon, évêque de Cambrai), mais choque la prude Mme de Maintenon (qui partageait la couche du Roi-Soleil tout en enseignant la vertu aux Demoiselles de Saint-Cyr).

La ferveur se rencontre encore de nos jours. Elle se manifeste dans des couvents, mais aussi à l'intérieur de sectes parfois douteuses. On se méfiera ici d'éventuelles motivations financières. On ne confondra pas non plus ascétisme et masochisme, ni ferveur religieuse et délire mystique *(App. 8)*.

Pour ceux (dont je suis), que les religions laissent sceptiques, il est naturel de se tourner vers les philosophies, en espérant y trouver quelque lumière.

III

LES PHILOSOPHIES

Je n'ai ni l'esprit de système ni le goût des belles constructions théoriques. Mais puisque les religions ne répondent pas aux questions essentielles, et ne disent rien de l'évolution du Vivant au sein de l'Univers, voyons si les philosophies ont de meilleures explications à proposer.

Alors que j'avais seize ans et me trouvais en classe de philo, enchanté par ce nouvel enseignement qui apprenait à douter de ce qu'on nous avait jusqu'alors inculqué, j'ai eu la chance d'approcher, peu avant sa mort, Henri Bergson. Le maître accepta de dédicacer au collégien plusieurs de ses ouvrages. Ceux-ci m'ont été volés pendant la guerre, mais je n'ai pas oublié la dédicace : d'une écriture fine et limpide, il avait écrit sur la page de garde de *l'Évolution créatrice :* « A Jean-Pierre Soulier. Philosopher serait facile si entre notre esprit et les choses ne venaient sans cesse s'interposer des idées toutes faites! » Sans doute, dans ce domaine plus encore qu'en science, l'érudition risque d'étouffer la réflexion personnelle. L'abondance des ouvrages philosophiques est de prime abord suspecte : un récent dictionnaire philosophique recense 3 500 auteurs! Cette impressionnante masse d'écrits contraste avec la minceur de la récolte finale, puisque la métaphysique ne semble pas avoir sensiblement progressé depuis la Grèce antique.

Jusqu'au XVIIe siècle, la philosophie engloba la totalité des connaissances. Aristote embrassait l'ensemble du savoir humain. Il considérait tout à la fois les mondes sub-lunaire et supra-lunaire, le règne végétal (avec son « âme nutritive ») et le règne animal (avec sa hiérarchie de « sensations »). Newton intitulera encore, en 1687, son traité de physique et d'astronomie : « Principe mathématique de la philosophie naturelle. » Ce n'est qu'après Descartes que les sciences en viendront à s'individualiser et à s'émanciper, en même temps que le latin sera abandonné pour les langues nationales dites vulgaires.

Déjà, au temps de Timon et de Pyrrhon, les aspects rhétoriques et bavards des Écoles de pensée suscitaient des réactions de scepticisme, allant jusqu'à douter de la réalité du monde extérieur. Mais, ainsi que le note Bertrand Russell, « en admettant même qu'on puisse mettre en doute notre connaissance commune, nous n'en devons pas moins accepter cette connaissance dans son ensemble, sans cela il n'y aurait pas de philosophie possible ». La science est parvenue, pour sa part, à une connaissance suffisamment opérationnelle pour lui permettre d'aller de l'avant sans complexes de doute ni de supériorité.

L'Univers apparaît comme une série d'ensembles emboîtés (« monades » de Leibniz, « holons » de Koestler). Si nous pouvons espérer connaître de mieux en mieux les ensembles inclus au sein de notre planète, nous ne parviendrons sans doute jamais à saisir ceux plus vastes qui nous englobent, car il n'est pas possible de bien appréhender de l'intérieur : un globule blanc circulant dans nos vaisseaux, même s'il était doué d'intelligence, ne pourrait jamais se figurer un organisme humain.

Notre esprit bute en outre sur une série de notions abstraites, celles de temps, d'espace, « d'espace-temps », d'infini. Nous n'arrivons pas à concevoir un univers fini sans rien au-delà, ni rien avant. Nous voyons mal comment l'Être pourrait procéder du Néant et il nous est aussi difficile d'imaginer que tout a existé de toute éternité (ce qui ne ferait que repousser le problème). Si l'on postule que Dieu est capable de créer à partir de rien, il reste à expliquer comment il se serait créé lui-même.

Bref, nous en sommes au même point que Platon lorsqu'il déclarait dans le *Timée :* « Découvrir l'auteur et le père de cet univers, serait un grand exploit ! » Au fur et à mesure que nos connaissances se développent, cette ignorance devient même de plus en plus frustrante. Comme le disait Einstein : « Plus nous en savons, moins nous comprenons. »

« Matière » et « matérialisme » conservent encore de nos jours une tonalité péjorative. Pourtant la notion même de matière devient de plus en plus abstraite, son essence apparaît presque aussi subtile que la pensée. Masse et énergie peuvent dans certaines conditions se transformer l'une en l'autre. Au fur et à mesure que progressent nos connaissances sur les particules, la structure dernière de la matière se dérobe. La luminescence du ver luisant ou de la luciole, la phosphorescence du plancton, devaient apparaître à nos ancêtres aussi immatérielles et magiques que la pensée. Nous savons aujourd'hui isoler le substrat de la « lumière froide », la luciférine, ainsi que son enzyme, la luciférase, et provoquer la fluorescence en les mélangeant dans un tube à essai. Mais on ne sait plus très bien si les photons sont des quanta de matière ou d'énergie. La transformation de matière en énergie, l'existence de particules et d'antiparticules (qui s'anéantiraient en se rencontrant pour libérer une fantastique énergie) ont rendu caduque la vieille conception simpliste de matière solide et tangible. L'Univers, microscopique aussi bien que macroscopique, apparaît essentiellement formé de vide. La masse d'un électron est négligeable en comparaison de celle du nucléon autour duquel il gravite à une distance relativement considérable.

Pour le biologiste, en tout cas, esprit et matière sont inséparables, comme le sont matière et énergie. Point d'activité sensorielle et psychique sans support moléculaire, pas d'influx nerveux sans neurone. Pas de sensibilité, de motilité, d'activité psychique sans d'innombrables connexions neuronales et sans médiateurs chimiques. Si la matière peut se rencontrer sans l'esprit, l'esprit ne peut exister sans la matière.

Le plus simple des organismes unicellulaires, tel un infusoire, possède des récepteurs de membrane qui l'informent sur son environnement, lui permettant de faire la distinction entre des débris sans valeur nutritive et des particules organiques susceptibles d'être englobées. Chez les multicellulaires, le système sensoriel se perfectionne, aboutissant à une centralisation des informations. Différents niveaux de conscience vont finalement émerger chez les mammifères. Un chien par exemple sait comprendre et se faire comprendre, signaler l'insolite, un danger, la mort. Le psychisme n'est donc pas une exclusivité humaine, même si une remarquable capacité d'abstraction caractérise notre espèce.

La conscience est étroitement tributaire du fonctionnement de l'encéphale : l'alcool, des drogues diverses sont susceptibles de l'obscurcir. Une anesthésie la suspend. Cinq minutes d'anoxie cérébrale suffisent à causer des dégats irréversibles. Une tumeur, un traumatisme, une hémorragie, une thrombose cérébrale, peuvent détruire l'intelligence la plus brillante. Ainsi, Baudelaire, frappé d'aphasie, ne pouvait plus, après l'accident cérébral dont il allait mourir, que répéter un seul mot : « crénom ».

* * *

Mais laissons ces considérations générales et venons-en aux principales conceptions métaphysiques (je laisserai délibérément de côté les aspects sociopolitiques et éthiques formant les sciences dites « humaines »).

Les Anciens, en particulier ceux qu'on appelle les « Présocratiques », entre autres Thalès et Pythagore, découvrent la magie des nombres et des égalités géométriques. Ils célèbrent l'harmonie cosmique. La distance séparant la Terre de la Lune, estimée à 126 000 stades, était considérée comme un « ton », celle de la Lune au Soleil était de deux tons. De la Terre à Mercure, un demi-ton, de Mercure à Vénus un ton. Des demi-tons séparaient Mars de Jupiter, ainsi que Jupiter de Saturne. Enfin un ton et demi (c'était bien peu...) séparaient les planètes des étoiles. Au total, on comptait sept tons formant le « diapason » céleste. Le système de Ptolémée inspiré par cette poétique musique des sphères a prévalu jusqu'à Copernic.

Thalès considérait l'eau comme l'essence fondamentale. Pour Héraclite c'était le feu. Symboles l'un et l'autre de fluidité et de transformabilité. « Tout coule », disait Héraclite qui précisait : « On ne se baigne jamais deux fois dans le même fleuve. » On pourrait aujourd'hui ajouter que non seulement l'eau du fleuve s'est renouvelée dans l'intervalle, mais aussi les tissus du baigneur.

Leucippe et Démocrite concevaient un flux perpétuel d'atomes. Démocrite affirmait : « Il n'y a que des assemblages éphémères d'atomes dans le vide », notion étonnamment moderne si l'on songe que, depuis Platon jusqu'au XVIIIe siècle, philosophes et naturalistes se montrèrent résolument « fixistes », suivant en cela Parménide qui considérait l'Univers comme un continuum immuable et éternel.

Nous ne connaissons Socrate qu'à travers Xénophon et Platon. Nous savons que ce fils de sage-femme inventa la « maïeutique », l'art d'accoucher des concepts. Socrate usait (et abusait peut-être) de l'ironie et de la provocation, il se moquait des Sophistes et de tous ceux qui possédaient des certitudes. Il était, dirions-nous aujourd'hui, un contestataire, ce qui le fit condamner pour « impiété et corruption de la jeunesse ». Il préféra la mort à l'exil, dernière façon de manifester sa liberté. Je reviendrai au dernier chapitre, que je consacre à la Mort, sur la fin de Socrate « immortalisée » par le Phédon. Disons seulement ici que le trépas de Socrate devant une galerie de philosophes demeurera un exemple pour l'Antiquité et en particulier pour les Stoïciens.

Platon, son disciple, disait : « Philosopher, c'est apprendre à mourir ». Il s'attachera tout au long de sa longue vie à cerner l'essence de la réalité derrière les apparences et l'éphémère. Il espérait y parvenir en recourant à l'« anamnèse ». Le mot est familier aux médecins qui désignent ainsi la recherche, lors de l'interrogatoire d'un patient, d'antécédents personnels et familiaux. L'anamnèse platonicienne est un effort pour atteindre l'immanence de l'Être et les « Idées » qui sont immuables et éternelles. Connaître, c'est peut-être reconnaître. Platon s'efforce ainsi de cerner ce qui existe derrière les mots : âme, mort, ciel... et d'approcher les concepts du Beau, du Bien, à travers les dialogues qu'il prête à ses prédécesseurs.

Parmi les disciples de « l'Académie » qui se réunissaient dans un jardin d'Athènes (nommé « Académos »), le plus illustre sera Aristote dont l'œuvre nous est parvenue grâce aux traductions de philosophes arabes.

Aristote était fils du médecin du roi de Macédoine et précepteur d'Alexandre. Il joignait aux qualités d'observation du naturaliste l'esprit didactique du précepteur. Il entreprit l'inventaire de tout ce qui existe avec le désir de classer, de hiérarchiser et d'atteindre au-delà des apparences l'ordre et l'organisation. Derrière les « attributs », le fondateur de l'École péripatéticienne, encore appelée le « Lycée » du nom d'un quartier d'Athènes, recherchait l'essence. Il postulait un moteur suprême qui agence la matière et donne au monde sa cohérence. Il considérait l'intelligence humaine, le « Noùs », comme un reflet de l'esprit divin, mais il ne croyait pas en la survie individuelle de l'âme.

A cette conception aristotélicienne de la nature autour de l'homme et pour l'homme, s'oppose le réalisme d'Épicure. Celui-ci s'efforce de voir et d'accepter la nature telle qu'elle est, et non telle qu'on la souhaiterait. Il a pleine conscience de la modeste place occupée par notre espèce au sein de l'Univers qu'il considère, à la suite de Démocrite, comme une combinaison contingente d'atomes. Sa conception de la « physique », trois siècles avant notre ère, est d'une remarquable intuition : il y a des corps simples et des corps composés, la divisibilité ne peut se faire à l'infini, sous peine dit-il, « d'anéantir les choses à force de les réduire ». Chaque atome est caractérisé par sa forme, sa grandeur, sa masse et demeure immuable : « Car si toute qualité change, les atomes eux ne subissent aucun changement, puisqu'il faut qu'il reste dans la dissolution des composés quelque chose de solide et d'indissoluble, qui aura pour effet que les changements ne finiront pas en non-être et ne viendront pas du non-être, mais des déplacements des atomes, ainsi que de leur augmentation ou diminution. »

Ne croyant pas en une survie individuelle, Épicure engage à jouir de l'instant. A cause de cela, la postérité gardera de lui la fausse image d'un hédoniste à la recherche de plaisirs voluptueux, alors qu'il était un sage s'efforçant d'atteindre la sérénité par les voies de l'esprit et des vertus, loin des tumultes du monde. Il le précise bien : « Jamais nous n'avons visé le plaisir des débauchés, ni de ceux qui s'attachent à la jouissance matérielle, ainsi que le disent ceux qui ignorent notre doctrine. Le plaisir que nous avons en vue est caractérisé par l'absence de souffrance corporelle et de troubles de l'âme. Les plaisirs du corps sont toujours passagers et en général se paient très cher. Seuls les plaisirs de l'esprit sont stables et sont à notre portée. »

Épicure a en outre le pressentiment de l'infinité des mondes. Il écrit : « Ne parlons pas de la Terre et des astres que nous voyons comme étant l'Univers. Ils ne forment que l'un des mondes parmi tous ceux qui en nombre infini forment l'Univers, car les atomes ne sont pas épuisés par un seul monde ou par la formation de plusieurs en nombre fini. Notre monde limité que nous prenons pour le Tout périra, alors que l'Univers est infini et éternel et l'homme n'y occupe aucune place privilégiée. » Il ne discerne aucune raison providentielle à l'origine des êtres vivants : l'homme n'est ni le centre, ni la fin de ce monde. C'est le désir d'immortalité qui lui gâte l'existence, il lui faut vivre l'instant avec lucidité et sérénité.

Nul n'a été plus fervent admirateur d'Épicure que Lucrèce et celui-ci n'est pas moins grand que son modèle.

Le *De natura rerum* dédié à Épicure, exprime une conception lucide et poétique de la nature. Le latin Lucrèce s'emploie, trois siècles après le grec Épicure et deux millénaires avant nous, à détruire les mythes et superstitions de son temps, en particulier l'intervention de dieux fantasques dans les affaires humaines. Il ne croit ni aux divinités (emportées ou bienveillantes), ni à un Au-delà; ce qui n'exclut pas le sentiment d'une certaine Providence, ou du moins d'un accord entre l'homme et la nature. Il entrevoit un progrès possible de l'humanité, une harmonie entre le Vivant et son environnement. En fait, il constate que la nature est ambivalente, « tantôt complice, mère féconde et secourable, tantôt marâtre cruelle ». Il écarte non sans regrets tout espoir de survie. Il considère que notre monde est mortel de même que les parties qui le constituent : « Tout composé dont nous voyons les parties et les membres, formés d'une matière sujette à naître et d'éléments mortels, nous apparaît également soumis aux lois de la naissance et de la mort... Je ne puis douter que le ciel et la terre n'aient eu leur première heure et ne doivent succomber un jour... Ainsi donc la porte de la mort, loin d'être fermée pour le ciel, pour le soleil et la terre, leur est au contraire toute grande ouverte et se prépare à les engloutir dans son vaste bâillement. »

Ses vues demeurent en bon accord avec l'astro-physique moderne : « Les innombrables éléments, heurtés de mille manières et de toute éternité par de nombreux chocs extérieurs, entraînés d'autre part par leur propre poids, n'ont cessé de se mouvoir et de s'unir de toutes les façons, d'essayer toutes les créations dont leurs diverses combinaisons étaient susceptibles; voilà pourquoi, à force d'errer dans l'infini du temps, d'essayer toutes les unions, tous les mouvements possibles, ils aboutissent enfin à former ces assemblages qui, soudain réunis, sont à l'origine de ces grands objets : la terre, la mer, le ciel et les espèces vivantes. »

Si la conception qu'avait Lucrèce de l'apparition des animaux sur notre planète est aujourd'hui dépassée, il eut en revanche la prescience de l'existence d'organismes infravisibles : « Certains animaux sont si petits que, coupés en trois, leurs fractions deviennent invisibles. Comment s'imaginer leur intestin, ou ce qui en tient lieu, et le cœur, les yeux, les membres, les jointures! »

Très remarquable aussi pour l'époque, son intuition de la fécondation et de l'hérédité. Il l'exprime en vers inspirés et harmonieux : « Les enfants procèdent à la fois de la semence maternelle et de la semence paternelle. Toujours en effet l'enfantement est produit par un double germe... Parfois, il peut se faire aussi que les enfants ressemblent à un aïeul, ou bisaïeul, car le corps des parents renferme une quantité d'éléments divers provenant de la souche primitive et transmise de pères en fils. » Lucrèce dit exactement : « patribus patres » (de pères en pères).

Près de deux millénaires avant Lamarck et Darwin, Lucrèce est évolutionniste comme Empédocle, ce philosophe d'Agrigente qui en 430 av. J.-C. se suicida en se jetant dans le cratère de l'Etna (le volcan l'avala mais rejeta, dit-on, une de ses sandales). « Il faut le concours de bien des circonstances, écrit Lucrèce, pour que les espèces puissent en se reproduisant se propager : d'abord des moyens de se nourrir, puis une issue par où la semence génitale distribuée dans l'organisme puisse s'écouler hors du corps alangui, enfin, pour que la femelle puisse s'unir au mâle, les organes qui permettent d'échanger des joies partagées. Nombreuses furent alors les espèces qui durent disparaître et ne purent en se reproduisant se créer une descendance. En effet celles que tu vois jouir de l'air vivifiant possèdent, ou la ruse, ou la force, ou la vitesse qui, dès l'origine, ont assuré leur protection et leur salut. Les animaux auxquels la nature avait refusé une autonomie, ou qui ne se sont pas placés sous notre protection pour la nourriture et la sécurité, offraient aux autres une proie et un butin sans défense, jusqu'au jour où la nature a achevé l'extinction de l'espèce. »

On ne saurait décrire avec plus de perspicacité la sélection naturelle!

Lucrèce est trop proche de la nature pour partager la sérénité du sage Épicure, d'où maints accents tragiques dans ce long et admirable poème qui laisse percer l'angoisse et l'incertitude devant tant d'incompréhensibles contradictions : « Nous sommes comme les enfants, lorsqu'ils s'épouvantent et ont peur dans la nuit. » Il écrit aussi : « L'homme est un malade qui se fuit lui-même. »

Toutefois, la curiosité et l'amour de la nature l'emportent, ainsi qu'un profond souci d'objectivité qui fera grand défaut à Pline et à son *Histoire naturelle* écrite un siècle plus tard. Quel contraste entre les deux hommes! C'est le plus ancien qui nous apparaît le plus moderne. Pline (qui devait disparaître en l'an 79 de notre ère, lors de l'éruption du Vésuve) est un compilateur : il rassemble en une sorte d'encyclopédie toutes les connaissances de ses devanciers, aussi bien que leurs superstitions. Le sens critique de Lucrèce lui fait défaut : c'est ainsi qu'il confond l'astronomie et l'astrologie. Si ses relations sont de peu d'intérêt pour la science et la philosophie, elles sont en revanche précieuses pour les historiens, qui y trouvent moult informations de détails et anecdotes sur l'époque.

* * *

Les Stoïciens sont avant tout des moralistes. Ils sont beaucoup plus proches des Épicuriens qu'on ne le pense et qu'ils ne le disent. Les uns et les autres sont conscients de l'insignifiance de l'homme au sein de l'Univers, ils acceptent leur destin éphémère, les Épicuriens avec le sourire, les Stoïciens dans l'austérité.

Les doctrines des Stoïciens grecs du IVe siècle av. J.-C. nous sont connues par les écrits de leurs successeurs latins, parmi lesquels la postérité a surtout retenu Sénèque, Épictète et Marc-Aurèle.

Contemporain et rival d'Épicure, Zénon de Cittium, est le fondateur de l'école du Portique. Il connut une grande célébrité : les Athéniens lui élevèrent une statue et sa sépulture trouva place au cœur du quartier du Céramique. Aucun de ses écrits ne nous est parvenu, nous ne le connaissons qu'à travers Diogène, l'homme au tonneau, demeuré célèbre par son ascétisme et par la réponse qu'il fit à Alexandre touché par son dénuement. Celui-ci lui demandant quel présent il souhaiterait, Diogène lui aurait répondu : « Ôte-toi de mon soleil! »

Sénèque, contemporain de Jésus (4-65) était loin d'être insensible aux honneurs. Il accepta pour son malheur de devenir le précepteur du jeune Néron. Il faut dire qu'il était malaisé de refuser quoi que ce fût à Agrippine qui ne reculait devant rien pour faire accéder son fils Néron au trône, allant jusqu'à faire tuer Claude, son oncle devenu son époux. Bientôt Néron révéla à son tour la cruauté dont il était capable, avec le meurtre de Britannicus son rival, puis celui de sa mère Agrippine et d'Octavie son épouse. Sénèque, complice passif et involontaire de ces forfaits, devint lui-même indésirable. Comme son neveu Lucain, il était aux yeux de Néron un reproche vivant. Prenant prétexte d'une conspiration organisée contre lui par Pison, Néron envoya un émissaire auprès de Sénèque pour lui signifier son arrêt de mort. L'oncle et le neveu se suicidèrent.

Sénèque avait souvent songé à la mort, il ne fut pas pris

au dépourvu. Il disait qu'au moment de succomber, on a tellement de jours derrière soi, que le dernier est peu à supporter. La devise grecque des Stoïciens qu'il faisait sienne sonnait bien : « Anékou kai apékou », c'est-à-dire « Abstiens-toi et supporte. » Ce fut, comme nous le verrons, plus difficile qu'il ne l'imaginait. Landsberg salue ce « mariage de raison » des Stoïciens avec la mort. L'agonie solitaire de beaucoup d'hommes dans une chambre d'hôpital ne nécessite pas moins d'héroïsme obscur. J'y reviendrai au dernier chapitre.

L'empereur Marc-Aurèle était comme Sénèque très influencé par la doctrine d'Épictète, l'ancien esclave affranchi. Il tenait une sorte de journal intime qu'il intitula *Pensées* et qu'il se dédia à lui-même (« Eis eauton »). Ce n'était pas un signe d'orgueil mais d'humilité. Il s'agit en effet d'exhortations qu'il s'adresse à lui-même, de maximes qu'il s'efforce de mettre en pratique. Il rédige ces aphorismes sous la tente, au cours des longues journées d'une vie militaire que lui imposent ses fonctions impériales. Il n'a aucun goût pour les armes ni pour la violence. Il est vertueux, c'est un homme de devoir. Ses vertus sont proches de celles de ces Chrétiens qu'il laisse pourtant martyriser, car il ne comprend pas « leur pure obstination à croire en une résurrection ». Ses pensées sont voisines de celles des martyrs. Il écrit : « Dieu voit toutes les âmes nues sans le corps, cette enveloppe, cette écorce, cette souillure. Il ne touche par son intelligence qu'à cela seul qui en elles émane et découle de lui-même. »

Il ne craint pas la mort qui est le lot commun, « celui d'Alexandre et de son muletier. »

***

Sautons les siècles et arrivons au Moyen Age. La ferveur religieuse l'emporte alors sur les spéculations philosophiques. Certains tentent, mais sans succès de réconcilier les religions, ou de concilier religions et philosophie antique.

Nicolas de Cue écrit un livre au titre excellent : *De docta ignorantia* (1440). Le Cusain est conscient que nos connaissances sont relatives et finies, impuissantes à cerner la vérité qui est absolue et infinie. Convaincu de l'unité des croyances et de la relativité de chacune d'entre elles, il considère Dieu comme au-dessus de toutes les religions, impossible à concevoir et à nommer. Cet œcuméniste avant la lettre prêche la tolérance dans sa *Concordentia Catholica.* Il ne fut pas entendu.

Pic de la Mirandole n'eut pas plus de succès. Il tenta d'organiser en 1484, à Rome, une réunion que nous appellerions aujourd'hui pluridisciplinaire. Il souhaitait rassembler des théologiens et des philosophes. Le pape mit immédiatement le holà à une entreprise aussi dangereuse qu'utopique...

Il n'était pas bon de s'écarter alors, si peu que ce fût, de l'orthodoxie. Les condamnations pour hérésie allaient pleuvoir : Savonarole, prédicateur dominicain qui tentait d'établir à Florence un gouvernement à la fois théocratique et démocratique est brûlé vif. Michel Servet, médecin et théologien, né en Aragon, finira de même cinquante ans plus tard à Genève, à l'instigation de Calvin. En l'an 1600, Giordano Bruno subira le même sort : condamné au bûcher à la fois pour son goût des sciences occultes et pour ses conceptions cosmiques qui en faisaient pourtant un génial visionnaire. Il soutenait avant Galilée que la Terre tournait sur elle-même et autour du Soleil. Il croyait, comme Épicure, à la multiplicité des mondes et ne considérait pas la Terre comme le centre de l'Univers. Il croyait comme Démocrite que la matière était formée d'atomes, il allait jusqu'à penser que ces atomes étaient eux-mêmes sécables! Mais plus grave encore, ce curieux moine contestait le caractère sacré des Écritures et allait jusqu'à douter de la divinité du Christ. Sans cesse pourchassé en raison de cet enseignement peu orthodoxe, il parcourut l'Europe.

Pour son malheur, il accepta l'invitation du doge Mocenigo à Venise. Celui-ci le fit emprisonner et l'expédia à Rome pour comparaître devant un tribunal religieux. Refusant de se rétracter, il périt sur le bûcher au centre du Campo dei Fiori.

Heureusement quelques nations étaient plus tolérantes aux idées nouvelles, en particulier l'Angleterre et la Hollande. Francis Bacon y vante dans la première le pragmatisme, tandis que Descartes célèbre dans la seconde la raison pure.

Francis Bacon, fils du garde des Sceaux d'Élisabeth est un esprit pratique qui ne s'embarrasse ni d'idées préconçues ni de scrupules. Ses études au « Trinity College » à Cambridge lui laissent une grande défiance à l'égard de la scolastique et une antipathie non dissimulée pour tous les dogmes, qu'ils soient inspirés d'Aristote ou de saint Thomas. Il est plein d'ambition et se hisse en 1618 au poste de Grand Chancelier. Mais sa vénalité devait causer sa perte : il est destitué trois ans plus tard par le Parlement et condamné à payer quarante mille livres d'amende. La postérité a retenu son ouvrage : *L'Instauratio magna,* où il propose une classification des sciences *(App.9).*

Descartes est tout à l'opposé un pur théoricien. Il méconnaîtra totalement la révolution scientifique qui se prépare. Il s'appuie sur la rigueur mathématique, développant un système logique qu'il tient pour irréfutable et infaillible.

Dieu en est le moteur suprême, l'Ultima Ratio. Il écrit : « S'il y a encore des hommes qui ne sont pas assez persuadés de l'existence de Dieu et de leur âme, pour les raisons que j'ai apportées, je veux qu'ils sachent que toutes les autres choses dont ils se sentent peut-être plus assurés, comme d'avoir un corps et qu'il y a des astres, sont moins certaines. »

Hélas, nulle conception a priori du monde ne peut l'emporter sur les observations physiques et physiologiques.

Descartes manque d'esprit scientifique : sûr de lui, il n'accorde aucun crédit aux données expérimentales, il néglige les observations de Galilée et les constatations des anatomistes de la Renaissance. Il soutient que la pesanteur ne peut s'exercer dans le vide, bien plus, il « démontre » l'impossibilité du vide, en dépit des expériences de Torricelli et des travaux de Pascal. Il place arbitrairement l'intelligence dans la glande pinéale. Il estime que la pensée « ne dépend d'aucune chose matérielle, l'âme étant entièrement distincte du corps ».

En dépit du doute méthodique qu'il professe dans le *Discours sur la Méthode,* il ne se fie qu'à la logique déductive, utilisant le procédé cher aux géomètres qui consiste à partir d'« évidences ». « Mais qui croit encore aujourd'hui, fait observer Meyerson, aux tourbillons cartésiens, aux trois matières élémentaires, aux parties cannelées, toutes choses pour lesquelles Descartes réclamait une certitude plus que morale? »

Le XVIIe siècle marque le début de l'essor irrésistible des sciences. Il est passionnant de comparer les réactions à cette intrusion de deux philosophes contemporains empreints d'une grande religiosité, Pascal et Malebranche.

La vie de Blaise Pascal ne peut être dissociée de ses écrits. Ce génie « d'une effrayante précocité », disait Chateaubriand, compose à l'âge de onze ans un petit traité sur la propagation des sons. A douze ans, il redécouvre sans les connaître la plupart des propositions d'Euclide. A seize ans son essai sur les « coniques » suscite l'admiration des géomètres de l'époque (dont Descartes). Comment ces dons stupéfiants de l'esprit se sont-ils conciliés avec ceux du cœur et avec une foi sans faille?

Le jeune Blaise est de santé délicate, il marche difficilement en raison de séquelles probables d'un mal de Pott. Il accueille ses souffrances comme une invitation au recueillement. Il écrit à ce sujet une note intitulée : « Prière pour demander à Dieu le bon usage des maladies ». Bien plus il se met à porter en permanence, par mortification, un cilice à même la peau pour souffrir comme saint François d'Assise et saint Jean de la Croix, à l'imitation de Jésus-Christ. On trouva après sa mort dans la doublure de son pourpoint un petit parchemin qu'il prenait soin de découdre et de recoudre lorsqu'il renouvelait son habit. Il y avait noté des mots, tels que « renonciation, certitude, paix, joie... »

N'est-il pas admirable d'établir le principe de la presse hydraulique, de mettre au point le calcul de probabilité (pour aider son ami de Méré à jouer à la roulette), d'inventer la première machine à calculer (pour faciliter le travail de son père intendant des impôts à Rouen) et de pouvoir en même temps s'adonner à une piété totale!

Gagné à la doctrine de Jansénius, choqué par le relâchement des mœurs du clergé catholique et par le trafic des indulgences, il se retire à l'abbaye de Port-Royal-des-Champs. Il se consacre à la défense du Jansénisme condamné par le pape, en butte aux attaques des Jésuites. Il écrit les *Lettres à une Provinciale* où il débat sur la grâce. Nous avons peine aujourd'hui à comprendre l'âpreté de la querelle entre Jésuites et Jansénistes portant sur le point de savoir si la grâce était à la « Merci de Dieu » comme le soutenait Calvin, ou bien si tout homme animé de piété et de bonne volonté pouvait espérer en bénéficier.

Pascal donne la primauté au cœur et à l'amour. Il place la foi très au-dessus de la raison : « La raison qui voudrait juger de tout, comme s'il n'y avait que la raison pour nous instruire! » Il écrit aussi : « Notre raison est toujours déçue par l'inconstance des apparences, rien ne peut fixer l'esprit entre les deux infinis qui l'enferment et le fuient. »

Il n'a pas le temps de réunir les notes qu'il amasse dans l'espoir de convertir les incroyants, il meurt à trente-neuf ans. Ces notes pieusement rassemblées par sa très chère sœur Gilberte (Mme Périer) paraîtront sous le titre : « Pensées de M. Pascal sur la Religion et quelques autres sujets. » C'est dans ce recueil posthume que l'on trouve le fameux pari, où il adjure ceux qui doutent de miser sur le Christ. Comme le dit Jean Revel, il leur offre de préférer « l'absurde religieux à l'absurde irreligieux ».

Quant à lui, il possède la certitude, le Christ est bien le Messie annoncé par les Écritures : « Pour prouver Jésus-Christ, nous avons les Prophéties qui sont des preuves solides et palpables... Hors de là, et sans l'Écriture, sans le péché originel, sans médiateur nécessaire, promis et arrivé, on ne peut trouver absolument Dieu. » A propos du péché originel, il écrit : « Il faut que nous naissions coupables ou Dieu serait injuste. » Il ajoute ces paroles énigmatiques : « Jésus n'a point eu à se reposer sur cette terre qu'au Sépulcre. Ses ennemis n'ont cessé de le travailler jusqu'au Sépulcre. Jésus sera en agonie jusqu'à la fin du monde, il ne faut pas dormir pendant ce temps-là. »

Une telle foi sans condition impressionne chez un homme de science, admirateur d'Épictète, dont il éprouve la grandeur, et de Montaigne dont il perçoit la faiblesse.

Pascal n'est toutefois pas à l'abri de partialité ou de contradictions : c'est ainsi que les Prophètes d'Israël sont tour à tour pris à témoin puis récusés au sujet du Messie. C'est d'ailleurs l'ensemble du peuple juif qui encourt ses reproches : « Peuple fait exprès pour servir de témoin au Messie, qui en le tuant pour ne pas le recevoir lui a donné la dernière marque de Messie... et qui en le tuant et continuant à le renier a accompli les prophéties (Isaïe et les Psaumes). »

Pascal rejette toutes les autres religions, aussi bien le Bouddhisme que l'Islam. Au sujet de Mahomet, il dit : « Il n'a pas été prédit, il n'est que le témoin de lui-même. »

On mesure, en définitive, la distance qui sépare les deux géomètres, Descartes et Pascal. Pour le premier Dieu est un être de raison, pour le second une révélation du cœur.

La foi de Malebranche est non moins totale que celle de Pascal, mais là où ce dernier sacrifie la raison à la foi, Malebranche s'emploie à les concilier.

Nicolas de Malebranche, ordonné prêtre à l'âge de vingt-six ans, découvre les mathématiques à la lecture d'un ouvrage de Descartes intitulé *L'Homme.* Pendant plusieurs années, il s'adonne à l'étude de la géométrie et de la physique. Sa foi religieuse est profonde, mais sa foi en la science ne l'est pas moins. Il ne voit pas de contradictions entre l'une et l'autre : les découvertes de la science ne témoignent-elles pas chez l'homme d'une parcelle de l'intelligence divine? Et ce que l'homme découvre, n'est-ce pas précisément la création divine? Il estime, comme Pascal, que notre raison finie ne permet pas de discuter les Écritures qui traitent de l'infini. Mais à l'inverse de Pascal, il considère les sentiments avec une certaine méfiance. Ceux-ci méritent d'être prudemment surveillés car l'emportement des passions est incontrôlable.

Baruch Spinoza, Juif portugais, est contemporain de Pascal et de Malebranche, il est attiré non par la science mais par la théologie. Il déchiffre les textes hébraïques de l'Ancien Testament. Il découvre la diversité des sources et le caractère apocryphe de nombreux écrits. Il ne cache pas ses réserves sur l'authenticité de certains livres de la Bible. Il considère par ailleurs les miracles comme un fruit de l'imagination populaire et va jusqu'à les considérer comme sacrilèges. Il n'en faut pas moins pour qu'à l'âge de vingt-deux ans il soit à la fois excommunié par l'Église et exclu par la Synagogue.

Il se réfugie en Hollande, hâvre de tolérance et de liberté d'expression, où il poursuit sa quête solitaire. Il rédige pour se justifier un ouvrage qu'il intitule modestement *Court traité.* Il s'élève contre le dogmatisme des églises, estimant qu'aucun « canon » ne peut décider de la légitimité de tel ou tel écrit, qui n'exprime que des témoignages indirects du Divin. Aucun attribut ne permet de caractériser Dieu, chacun ayant un caractère limitatif. Seul le néant peut être défini par l'absence d'attributs.

Spinoza considère Dieu comme cause première et dernière. Une haute et exigeante spiritualité émane de chacun de ses concepts : « La foi dit-il ne se juge pas dans les dogmes, mais dans les œuvres. Elle est une certitude morale, innée et irrationnelle. » Pour lui, toute passion terrestre est contingente, seul l'amour de Dieu est significatif. Sa conception de Dieu est très abstraite, à l'opposé de celle de Pascal fondée sur l'amour réciproque entre le Christ et l'humanité : « On ne peut dire que Dieu a de l'amour pour les hommes, et encore moins qu'il les aime parce qu'ils l'aiment ; cela supposerait chez Dieu une altérabilité, le conduirait à être déterminé par quelque chose d'extérieur à lui, ce qui serait l'absurdité même. » Spinoza souligne la contingence de l'homme qui tend à tout ramener à lui, alors qu'il représente si peu au sein de l'universalité de l'Être. Dieu lui apparaît hors d'atteinte, lui qui est à la fois « Être, Substance et Causalité ».

Ce philosophe théiste, d'une grande rigueur intellectuelle et d'une élévation morale sans compromission, meurt à l'âge de quarante-cinq ans. Son principal ouvrage *L'Éthique* ne paraîtra qu'après sa mort, à peu près en même temps que les *Pensées* de Pascal.

Bien que jugé hérétique par les Églises, on peut se demander si cet homme profondément religieux, épris d'absolu, n'était pas le seul parfait monothéiste.

***

Aux philosophies idéalistes que nous venons de voir, s'oppose en Angleterre un mouvement de pensées beaucoup plus pragmatique. On estime qu'il est grand temps d'abandonner les dogmes et les théories et de revenir aux réalités, suivant ainsi Francis Bacon qui disait : « Le monde est plus âgé, la masse des observations et des expériences s'est depuis l'Antiquité accrue presqu'à l'infini. »

« Des déductions à partir de la raison seule, sans l'appui des faits, sont de peu d'utilité », disait déjà Hippocrate. « Il n'y a pas de principes innés », énonce de son côté

Locke, ce qui est le titre du premier chapitre de son *Essai sur l'entendement humain.*

Locke avait commencé par étudier la médecine, il avait entrepris des travaux sur la variole avec Sydenham, ce grand médecin dont le nom est demeuré attaché à la description de la chorée aiguë. Il abandonne la médecine pour devenir secrétaire de Lord Ashley, mais cette formation « clinique » initiale influencera sa perception de la réalité. En réaction contre l'innéisme de Descartes, il analyse la façon dont se forme notre perception du monde extérieur *(App. 10).*

Le théologiste Berkeley poussera les concepts de Locke jusqu'à l'absurde : toute réalité se ramenant à des sensations purement subjectives, le perçu et le percevant deviennent selon lui indistinguables. Nous n'existons que dans la mesure où nous sommes perçus par Dieu. A l'inverse de ce que la biologie enseigne, la matière ne serait ainsi que le produit de l'Esprit!

David Hume considère de son côté que rien n'existe en dehors de nos sensations. Mais il en tire des conclusions encore plus négatives : il met en doute la réalité de l'esprit aussi bien que celle de la matière. Son scepticisme radical aboutit à un empirisme instinctif purement opérationnel.

Pendant ce temps, la science va son chemin : Kepler, Newton, révolutionnent l'astronomie.

Fontenelle, un gentilhomme rouennais (qui devint centenaire), neveu de Corneille rédige un véritable ouvrage de vulgarisation : les *Entretiens sur la pluralité des mondes habités.* Ce petit livre eut un franc succès. Il mêlait avec bonheur la réalité et la fiction. En six soirées, un savant explique à une marquise, face au ciel étoilé, ce qui pour l'époque devait sembler à peine croyable : la double rotation de la Terre sur elle-même et autour du soleil, les phases de la lunaison, les mouvements des planètes, les taches solaires, les comètes... Le ton est vif et plaisant. Le premier soir, il suggère à son auditrice que la lune est habitée, mais le second soir il révèle que c'est impossible faute d'atmosphère et d'eau : les mers décrites la veille ne sont plus que dépressions arides. Ceci ne l'empêche pas de postuler la vie sur d'autres planètes. Ce ton badin visait à distraire sans ennuyer, mais sans doute aussi à éviter tout conflit avec l'Église.

Maupertuis publie lui aussi un *Essai de Cosmologie*, qui est une mise à jour beaucoup plus sérieuse de la cosmologie d'Aristote. Mais il fait surtout œuvre de pionnier en rédigeant un *Essai sur la formation des corps organisés* (1751). Il étudie comment la vie s'est façonnée non sans tâtonnements. Un siècle avant Darwin, il écrit cette phrase prophétique : « Seules ont subsisté les combinaisons heureuses, donnant pour nous aujourd'hui l'illusion d'une finalité. »

Le XVIIIe siècle français se libère de l'emprise de l'Église, l'esprit de Voltaire brille et les Encyclopédistes s'émancipent. Ce sont les philosophes allemands qui se consacrent encore à des ouvrages purement métaphysiques. J'évoquerai deux d'entre eux, farouches et solitaires : Schopenhauer et Nietzsche.

Arthur Schopenhauer, né à Dantzig dans une famille bourgeoise, enseigne tout d'abord la philosophie à Berlin. Il traite avec désinvolture son contemporain Hegel de « lourd pédant imbécile ». Proche au départ de Kant, il s'en éloigne bientôt : certes, le monde n'est qu'un ensemble de phénomènes, mais « l'Être-en-soi » des choses (le « Noumène » de Kant) apparaît à Schopenhauer pure illusion. De même le « vouloir moral » défini par Kant existe bien, mais il est privé de justification, aussi les bons sentiments qu'implique la morale kantienne sont-ils tournés en dérision.

Il y a bien une « Volonté » dans le Vivant, mais il est absurde d'y chercher un sens : celle-ci est sans cause et sans signification humaine; elle exprime seulement la conservation et l'expansion de la vie qui se déroulent à notre insu. Pour Schopenhauer la « Volonté », ou vouloir vivre de l'espèce, traverse les individus sans se soucier d'eux.

Il développe dans *Le monde comme volonté et comme représentation* que la vie est souffrance, ainsi que l'enseignent les doctrines hindouistes. Le bien-être n'est que l'absence de peine. Le monde est la « représentation » que nous nous en faisons, il est apparence et illusion. La Vie aveugle et ubiquitaire poursuit sa route sans se soucier des personnes promises au néant. Il suffit d'observer ce globe ensanglanté où les espèces s'entre-dévorent. L'égoïsme règne sous des dehors hypocrites. L'amour est un piège pour engendrer de nouvelles créatures promises à la souffrance. Seul l'art suspend momentanément la douleur de vivre.

L'appréciation de Schopenhauer sur la religion n'est pas tendre. Après avoir expliqué que la foi populaire constitue pour la masse, incapable de penser librement, un substitut de philosophie, il écrit : « On n'a jamais manqué de gens qui se sont efforcés de tirer leur subsistance de ce besoin métaphysique et qui l'ont exploité autant qu'ils l'ont pu. Chez tous les peuples, il s'est rencontré des personnages pour s'en faire un monopole et pour l'affermer : ce sont les prêtres. Mais afin d'assurer complètement leur trafic, il leur fallait obtenir le droit d'inculquer de bonne heure aux hommes leurs dogmes métaphysiques, avant que la réflexion ne fût encore sortie des ténèbres, c'est-à-dire dans la première enfance. »

Il y a dans ce pessimisme extrême et dans cette violence un mélange de lucidité, de misanthropie et de mépris, se traduisant par un négativisme exacerbé.

Ce solitaire est brouillé avec sa mère et avec sa sœur. Dans son cabinet de travail à Francfort-sur-le-Main, il a accroché au mur des images de chiens, ainsi qu'un portrait de Goethe, seul auteur à trouver grâce à ses yeux (l'estime était d'ailleurs partagée). Il écrit un ouvrage intitulé *Confessions,* qu'il se dédie à lui-même (Eis eauton), comme l'avait fait Marc-Aurèle. Pas plus que chez celui-ci, ce geste (que l'on peut juger humble ou orgueilleux) n'était de l'affectation, puisqu'il demanda qu'à sa mort le manuscrit des *Confessions* fût détruit, ce qui fut fait.

Nietzsche est un personnage tout aussi fascinant, influencé d'ailleurs par *Le Monde comme volonté et comme représentation,* qu'il découvre par hasard dans une librairie alors qu'il a vingt-quatre ans. Cette lecture le transporte, il y retrouve une partie des sentiments qui l'agitent, en particulier contre la religion.

A peu près dans le même temps, il fait la connaissance de Wagner. L'amour de la musique, une même admiration pour Schopenhauer, ainsi qu'un commun sentiment de supériorité, rapprochent les deux hommes malgré la grande différence d'âge. Wagner, en 1868, a déjà cinquante-cinq ans, il est un personnage célèbre. Nietzsche trouve dans *Siegfried* l'exaltation de la vie et de l'instinct, le rayonnement dionysiaque et la beauté apollinienne qu'il célèbre dans *L'Origine de la Tragédie* son premier ouvrage, qui est un hymne au paganisme.

Nietzsche abandonne assez rapidement son enseignement à l'Université de Bâle, pour mener une vie de plus en plus retirée. Il entretient seulement une abondante correspondance avec son ami Rohde. Deux jours après avoir fait la connaissance de Lou Salomé (future égérie de Rilke), il lui offre de l'épouser... Celle-ci, effrayée par l'exaltation de Frédéric, se dérobe prudemment. Le philosophe, qui avait cru entrevoir une âme-sœur est profondément déçu, il abandonne ce projet subit et s'enfonce définitivement dans la solitude. Il séjourne en Italie du Nord, où il laisse libre cours à ses phantasmes dans l'isolement grandiose des Dolomites. Il écrit fièvreusement. Sa santé commence à fléchir, il se plaint de maux de tête et ses lettres se font de plus en plus enflammées.

Chez ce fils et petit-fils de pasteur (« Moi, en qui, dira-t-il, coule le sang des prêtres »), se développe une furieuse aversion pour la religion de ses pères. Il y voit la doctrine des faibles et des impuissants, de ceux qui ont démissionné et suivent « la morale du troupeau », à laquelle il oppose « la morale des seigneurs ». (En allemand, cela sonne mieux : « Herden-Moral » opposée à « Herren-Moral ».) Il devient « l'Antéchrist », il annonce que « Dieu est mort ». Celui qui célébrait Dionysos prophétise à présent *L'Éternel Retour.* Il n'hésite pas à présenter son *Zarathoustra* comme un « Cinquième Évangile », furieux poème métaphysique, sorte d'homélie morale qui se situe « Au-delà du bien et du mal ».

Son exaltation croissante, son orgueil, effraient ses amis, ses lecteurs, et son éditeur. (Il se verra obligé de publier *Zarathoustra* à compte d'auteur.) Même le fidèle Rohde finira par se détacher de lui. Nietzsche écrit à un de ses correspondants, le docteur Paneth, un Viennois : « Dans cinquante ans, les yeux de quelques-uns (ou d'un seul, il y faudrait du génie) s'ouvriront peut-être sur l'œuvre que j'ai accomplie. Mais pour le moment, il est impossible (d'après les lois de la perspective) de parler de moi en public sans rester infiniment en dessous de la vérité. » Il écrit aussi à Brandès le 20 novembre 1890 : « Avec un cynisme qui restera célèbre dans l'histoire du monde, je me suis raconté moi-même. Mon livre s'appelle *Ecce Homo :* c'est un attentat sans merci contre le Crucifié; il s'achève dans le tonnerre et les coups de foudre dirigés contre tout ce qui est chrétien ou infecté de Christianisme : on en a les sens tout étourdis. »

Quelles sont donc la vérité et la morale que nous propose ce poète-philosophe, hanté par l'absolu? Il écrit dans *Ecce Homo :* « Le ciel du hasard plane sur l'Univers... C'est la plus vieille noblesse du monde; je l'ai rendue à toutes choses. Cette liberté et cette sérénité célestes, je les ai soustraites à la servitude du but; je les ai placées comme des cloches azurées sur toutes les choses, quand j'ai enseigné qu'aucune volonté éternelle ne les imprègne et ne les domine... Rien n'est vrai, tout est permis... » Il écrit aussi :

« J'aime les grands contempteurs, parce qu'ils sont les grands vénérateurs et les flèches du désir vers l'autre rive... »

Pour moi qui ai consacré un essai à Lautréamont, je demeure frappé par la similitude du langage, par la même démesure et la même théophobie exaspérée. Je retrouve les mêmes accents tragiques et un semblable mélange de lyrisme et de négativisme. Ces ressemblances excluent cependant toute influence réciproque, puisque les deux hommes, bien que nés à deux ans d'intervalle, n'ont jamais eu la possibilité de se rencontrer, ni de se lire : Isidore Ducasse est mort à l'âge de vingt-quatre ans lors du siège de Paris, au cours de la guerre de 1870 à laquelle Nietzsche n'a pas participé, car réformé.

J'en profite pour rappeler que Nietzsche a souvent été considéré bien à tort comme un inspirateur du militarisme et du nazisme à cause de sa *Volonté de puissance.* En réalité, nul n'était moins nationaliste et moins germaniste que lui. Il était hostile à la politique expansionniste et au pangermanisme ; l'essentiel de sa vie active s'est déroulée en Suisse et en Italie. Les valeurs qu'il révérait étaient tout autres, gréco-latines et païennes.

S'il pratiquait la démesure, il ne l'appréciait guère chez les autres. Après avoir porté aux nues Richard Wagner, il écrit quelques années plus tard *Le cas Wagner,* où il condamne « l'emphase creuse et le caractère théâtral des Nibelungen et de Parsifal ». Ce n'est plus Wagner qu'il admire, mais la « Carmen » de Bizet, dont il apprécie la fougue et la vitalité latine.

C'est la santé, physique et psychique, qui vient à lui manquer à partir des années 80. Il s'épuise à concevoir une œuvre titanesque, paranoïaque, où il célèbre le dépassement de soi-même, le surhomme, la « volonté de puissance »... Sa santé mentale s'aggrave. Les onze dernières années de sa vie se déroulent en milieu psychiatrique dans un tableau de démence rapidement complète. Il meurt en 1900 à l'âge de quarante-six ans.

Quelle que soit l'opinion que l'on se forme de Nietzsche, et quel que soit le diagnostic que l'on porte, on ne peut manquer d'être frappé par la grandeur tragique de son œuvre. On perçoit derrière le blasphème, comme chez Lautréamont, une immense aspiration déçue, un idéal hors du commun et hors d'atteinte. Toutefois personne, aucun biologiste en tout cas, ne saurait souscrire à sa thèse de *L'Éternel Retour :* un cycle inspiré de la religion du Zoroastre, supposé restituer après quelques milliers d'années une nouvelle existence strictement identique à la précédente... Plus qu'aucune autre doctrine philosophique, celle de Nietzsche exprime une vision personnelle et incommunicable.

Opposé à ces visions tragiques de l'existence, s'exprime l'optimisme un peu naïf d'Auguste Comte qui croit que tôt ou tard la science aura réponse à tout. Le père de la sociologie puise sa foi dans le progrès de l'humanité et des connaissances, forme nouvelle d'utopie, succédant à la divine providence des théistes et au meilleur des mondes de Leibniz.

« Aujourd'hui, nous ne sollicitons plus la nature, nous lui commandons, parce que nous avons découvert quelques-uns de ses succès et que nous en découvrons chaque jour de nouveaux. Nous lui commandons au nom de lois qu'elle ne peut récuser, parce que ce sont les siennes et que nous sommes les premiers à nous y soumettre. » Ces mots sont de Henri Poincaré. Hélas, la technologie a créé autant de besoins qu'elle n'en a satisfaits et l'homme, comme chacun sait, n'a pas progressé en sagesse.

Les philosophes n'osent plus débattre des origines et des fins, cette veine semble épuisée. Bergson cherche à saisir la réalité à travers les *Données immédiates de la conscience.* Il espère par l'intuition saisir l'instant et participer ainsi à l'élan vital.

Heidegger approfondit la « phénoménologie » de son prédécesseur Husserl. Il s'interroge sur « l'Être de l'existant » *(App. 11)*. L'existentialisme connaît une vogue extraordinaire, en dépit de son négativisme abstrait. Le moins qu'on puisse dire est qu'il n'a pas percé l'énigme de la condition humaine.

Les « Néo-gnostiques » usent eux aussi d'une pensée et d'un langage réservés aux initiés. Il s'agit d'un subtil amalgame de philosophie orientale, d'astrologie et de sciences métapsychiques, où l'imagination l'emporte sur l'observation. Nous pensons ici aux deux Raymond : Abellio et Ruyer, le premier féru de féminité et de magie, le second adepte de la « Gnose de Princeton » (cénacle de « scientifiques » qui discernent une parcelle de conscience au sein de tout être animé ou inanimé).

Les philosophes chrétiens se font rares. Jacques Maritain est un Thomiste convaincu, dont la foi est mise à rude épreuve par la mort de sa femme Raïssa. Teilhard de Chardin, voit l'évolution du Vivant comme une spiritualisation de la matière, une montée vers le Christ.

En définitive, perce un découragement, qu'expriment ces lignes de Jean Onimus : « Ni le fidéisme irrationnaliste, qui est au fond une défaite de l'esprit; ni la philosophie marxiste de l'histoire qui n'offre qu'un sursis à l'absurde; ni les sciences de l'homme avec leur positivisme à courte vue, ne peuvent satisfaire une conscience travaillée par le mal de l'existence. »

Camus et Malraux proposent, comme remèdes à la désespérance, la solidarité avec l'humanité souffrante, ainsi que les consolations qu'apporte la création artistique (l'art comme « antidestin »). Cet humanisme fraternel est un substitut de foi.

Il est temps d'aborder maintenant les sciences, et plus particulièrement deux d'entre elles, l'astrophysique et la biologie, susceptibles de nous aider à discerner la place, l'origine et le destin du Vivant.

IV

LES SCIENCES

Les connaissances scientifiques n'ont cessé de croître. L'accélération est exponentielle ainsi qu'en témoignent les chiffres suivants : il n'existait dans le monde en 1700 qu'une dizaine de bulletins scientifiques. On en comptait une centaine en 1800, un millier en 1850, dix mille en 1900, plus d'une centaine de mille aujourd'hui. Une vie d'homme ne suffirait pas pour lire *in extenso* ce qui se publie en une seule journée. La « surspécialisation » est devenue la conséquence de cette surinformation.

La science progresse sans complexes de supériorité ni d'infériorité, sans tabous ni interdits, sans a priori ni dogmatisme. Elle n'est pas infaillible, elle n'a pas l'immobilisme des certitudes. Toujours inachevée, elle avance en se corrigeant sans cesse... Elle n'est pas responsable des applications bonnes ou mauvaises faites de ses découvertes. Elle est amorale à l'image de la nature. Elle ne se préoccupe ni de séduire ni de consoler, elle rapproche les peuples tandis que les religions les séparent.

Évoquons d'abord l'astronomie, la plus vieille des sciences.

De tout temps, les hommes ont observé le ciel. Leurs observations faites à l'œil nu avaient permis dès l'Antiquité de noter le plan incliné de l'écliptique et d'évaluer les dimensions du méridien terrestre avec une très bonne approximation.

Éristarque de Samos avait bien suggéré que la Terre tournait autour du soleil, mais personne ne l'avait cru, tant les hommes étaient certains d'être au centre de l'Univers. Les Juifs faisaient remonter la création du Monde à quatre mille ans avant eux. Ils ne doutaient pas que le soleil tournait autour de la Terre : Yahvé n'avait-il pas consenti à arrêter la course de notre astre pour prolonger le jour, afin de permettre à Josué de vaincre les Cananéens!

Copernic publie un ouvrage qui paraît l'année de sa mort (1543) indiquant que les planètes tournent autour du soleil. Kepler, partant des patients relevés de Tycho Brahé, établit qu'elles suivent des orbites elliptiques. Galilée confirme et étend les observations de Copernic en utilisant la première lunette astronomique.

Cette décentralisation révolutionnaire, aux alentours des années 1600, coïncide avec le supplice de Giordano Bruno brûlé vif pour avoir soutenu, entre autres choses, la pluralité des mondes habités. Lorsque Galilée démontre que la Terre tourne sur elle-même, l'Église l'oblige à une rétractation humiliante *(App. 12)*, auquel il consent pour éviter le bûcher. Galilée, devenu aveugle à la fin de sa vie, s'attriste : « Moi qui ai élargi l'univers, confie-t-il mélancoliquement, me voici maintenant limité à mon propre corps. » Il meurt en 1642.

Newton, qui naît cette même année, prendra le relais. Sa théorie de la gravitation universelle apportera une explication, aussi bien sur la chute des corps que sur les mouvements des astres. Il publie son traité sur la mécanique céleste grâce à l'insistance et à l'aide financière de son élève Edmund Halley (l'homme à la comète).

Le monde gagnait peu à peu en précision ce qu'il perdait en mystère : les éclipses, les aurores boréales, la visite de comètes, ne marquaient plus l'intervention de dieux bien intentionnés ou malveillants. La connaissance de la mécanique céleste permettait des prédictions exactes.

Pourtant, trois siècles plus tard, Einstein allait remettre partiellement en question l'univers newtonien. Ceci montre qu'en science rien n'est définitivement acquis.

La personnalité d'Einstein est inséparable de son œuvre, aussi ai-je rappelé en appendice *(13)* quelques traits marquants de cet homme d'un génie comparable à celui de Newton.

Einstein établit une relation entre la masse et l'énergie, qui fait intervenir la vitesse de la lumière, constante universelle. Il fallut attendre quatre ans pour qu'une prédiction d'Einstein se trouvât confirmée par l'observation astronomique *(App. 14)*. Lorsque la constatation de la courbure des rayons solaires au voisinage de la lune fut publiée à Londres, en 1919, ce fut d'un seul coup, pour le très jeune physicien, la notoriété scientifique et l'enthousiasme des médias. Il ne cessa d'être interrogé sur les grands problèmes humains et métaphysiques. Mais Einstein se dérobait avec humour et modestie, indifférent aux honneurs dont il était comblé. Lorsqu'on lui demandait quelle était son explication de l'Univers, il répondait qu'il en existait sans doute une, mais qu'il ne la connaissait pas. Il précisait toutefois : « Je ne peux imaginer un Dieu qui récompense et qui punit l'objet de sa création. Je ne peux imaginer un Dieu qui réglerait sa volonté sur la mienne. Je ne peux pas et ne veux pas concevoir un être qui survivrait à la mort de son corps. »

La Théorie de la Relativité révélait qu'à l'échelle de l'Univers, les lois de la physique étaient autres. Nous ne percevons qu'une bande étroite de vibrations électromagnétiques. Avec nos instruments nous pouvons recueillir des rayonnements plus courts que le violet (UV, rayons X et Gamma) et des longueurs d'ondes plus grandes que le rouge (infra-rouges et ondes radios). Notre esprit, construit pour interpréter les données de nos sens, a ses limites. Il se heurte aussi à des obstacles conceptuels : espace-temps variable, transformation de la masse en énergie aux très hautes températures, temps négatif ou inversé... On a soutenu que ceux qui se déplaceraient dans des fusées allant à des vitesses proches de la lumière ne vieilliraient plus, ou en tout cas plus lentement. On voit mal comment le temps biologique pourrait se ralentir, d'autant que pour l'instant les fusées ne voyagent pas encore au dixième de la vitesse de la lumière.

Les astrophysiciens et physiciens ont dû réviser leurs étalons de mesure. Une conférence internationale des poids et mesures a récemment abandonné le mètre en platine iridié pour le remplacer par le trajet parcouru par la lumière en un trois cent millionième de seconde *(App. 15).* Le temps n'est plus compté par le déplacement d'une aiguille, mais grâce aux oscillations d'un cristal de quartz excité par un flux d'électrons, ou à la décroissance de la radio-activité du césium.

On sait par ailleurs que la rotation de la Terre sur elle-même se ralentit en raison du freinage exercé par la lune. Les astrophysiciens ont compté que le ralentissement était de 2,6 millièmes de seconde par siècle... C'est peu, pensera-t-on. Cela signifie toutefois qu'il y a 500 millions d'années, au moment où les vertébrés commençaient à évoluer, la journée ne devait pas durer plus de 22 heures et l'année devait compter plus de 400 jours. Viendra le moment, encore lointain, où il ne sera plus nécessaire de faire appel à une année bissextile tous les 4 ans pour rattraper les 5 heures et 49 minutes que la Terre met actuellement, en sus de 365 jours, pour tourner autour du soleil.

***

Pour réfléchir au Vivant dans son contexte cosmique, il importe de considérer la Terre à sa juste place et de conserver à l'esprit quelques notions de base de l'astrophysique moderne.

Ne perdons pas de vue l'échelle des dimensions cosmiques : les rayons du soleil mettent huit minutes à nous parvenir, mais trois années-lumières nous séparent de l'étoile la plus proche du système solaire, Alpha du Centaure. Les Trois-Mages, ces belles étoiles du Baudrier d'Orion, sont distantes de 1 500 années-lumières. Le diamètre de la Voie lactée, notre galaxie, s'étend sur une centaine d'années-lumières. La seule nébuleuse qui soit visible avec de bons yeux est celle d'Andromède, située à 250 millions d'années-lumières! Les rayons qui nous parviennent ont été émis bien avant que les mammifères ne fassent leur apparition sur la Terre. Les hominidés n'ont divergé des primates qu'au cours du dernier centième du temps qu'a parcouru la lumière de cette galaxie pour nous atteindre...

Nous verrons qu'il existe des milliers de galaxies et de quasars (noyaux de galaxies) détectables avec les instruments les plus performants jusqu'à des distances d'une dizaine de milliards d'années-lumières! Au-delà nous nous heurtons à l'origine de notre univers.

Un large consensus parmi les astrophysiciens indique que notre univers est en expansion, à la suite d'un Big-Bang initial *(App. 16).* Mais on ne peut dire si cet univers est « ouvert » ou « fermé ». Si la déflagration initiale n'a pas été freinée, elle doit remonter à 20 milliards d'années et elle se poursuivra éternellement (hypothèse d'un univers dit « ouvert »). Si, au contraire, les forces de gravitation exercent un freinage, la naissance de cet univers se situerait « seulement » à quelque 13 ou 15 milliards d'années, voire à dix milliards d'années selon des mesures isotopiques toutes récentes (1987). Dans cette seconde hypothèse, il s'agirait d'un univers « fermé », où une contraction ferait suite à l'expansion.

Et rien n'empêche naturellement d'imaginer un univers accordéon, où expansion et contraction se succéderaient.

Certains ont même suggéré qu'au travers des « trous noirs », dont nous reparlerons, des « univers » distincts pourraient communiquer, comme à travers de gigantesques sabliers. Pour ma part, il me paraît moins difficile d'imaginer une succession de cycles cosmiques, ou bien encore une multitude d'univers contigus (un Univers d'univers), les uns en contraction, les autres en expansion, plutôt que de concevoir l'apparition *ex nihilo* de la matière, sans rien avant.

On peut tout aussi bien imaginer des transformations cycliques matière-énergie? Un va-et-vient perpétuel, évitant de postuler un temps zéro, sans se dissimuler que l'on ne fait que reporter plus en arrière dans le temps et dans l'espace l'énigme de l'origine de l'Être.

Notons que dans les années 30, Einstein avait calculé, en tenant compte de la vitesse d'expansion, la masse que l'Univers devrait avoir pour contrecarrer une expansion indéfinie. Il avait conclu que la masse des objets détectables ne représentait que le centième de la masse nécessaire. Depuis on n'a cessé de découvrir de nouveaux amas de matière et, tout récemment (1986), des astrophysiciens de Princeton ont rapporté avoir détecté dans l'axe de la constellation de la Vierge une immense masse invisible (mais déviant les rayons lumineux). Ce nuage galactique qui aurait le pouvoir d'attraction d'un millier de galaxies ferait partie de cette fameuse « masse manquante », au même titre que les « trous noirs ».

Nous avons déjà vu plus haut que remplacer le Big-Bang par une création divine n'était guère plus satisfaisant pour l'esprit. En pareil cas, il resterait à expliquer l'origine de Dieu : l'« autocréation » demeurant difficilement concevable.

***

En dépit de ces incertitudes, l'astrophysique a davantage progressé au cours des 25 dernières années, en particulier grâce aux sondes spatiales, que durant l'ensemble des siècles qui nous ont précédés. C'est essentiellement la planétologie de notre système solaire (dont on fait remonter la naissance à 4,56 milliards d'années) qui a bénéficié de ces investigations.

Depuis l'époque de Fontenelle, Mars a toujours été considéré comme l'astre le plus habitable parmi les planètes extérieures à l'orbite terrestre, en raison de son atmosphère et de sa température relativement « clémente ». On a longtemps espéré et redouté tout à la fois des compagnons martiens.

Les sondes spatiales n'ont en fait révélé qu'un désert rouge, riche en oxyde de fer. Si Mars possédait au début une atmosphère comme la nôtre résultant du dégazage de roches profondes en fusion, et si cette couche gazeuse a été retenue, comme sur notre planète, sous l'influence de la gravité, la plus grande partie s'en est perdue. Mars n'a plus aujourd'hui qu'un sol caillouteux et désolé. La planète rouge semblait avoir des canaux et changer d'aspect en fonction des saisons. On suppose que des pluies diluviennes ont autrefois érodé sa surface. Par la suite, en se refroidissant, l'eau a gelé dans l'épaisseur du sol ainsi qu'au niveau des calottes polaires. Ce qui reste d'atmosphère autour de Mars est surtout formé de gaz carbonique et de fins cristaux de glace mêlés à des poussières. Un vent violent règne sur la planète dont le sol est actuellement travaillé par un volcanisme très actif et soumis à un bombardement de météorites.

On voit que les conditions météorologiques ne sont pas très engageantes et ne donnent guère envie d'y établir une colonie. Les jours et les nuits ont à peu près la même durée que sur Terre, mais les saisons ont une durée double, avec des variations de température entre 0 et −113 degrés centigrades.

Deux sondes « Voyager » ont été lancées de cap Kennedy

en 1977 vers Mars. Elles l'ont dépassé, sont parvenues dans les parages de Jupiter en 1979, ont frôlé Saturne en 1981. Elles poursuivent leur voyage vers Pluton, dont elles atteindront l'orbite en 1990. Ensuite, elles quitteront le système solaire : Voyager 1 se dirigera vers une étoile de la constellation de la Petite Ourse, il parviendra dans ses parages dans 40 000 ans... Peut-être, comme l'écrit J.-L. Bertaux, faudra-t-il encore quelques millions d'années avant que l'une des deux sondes vienne à passer au voisinage d'une étoile possédant un système planétaire hébergeant la vie, où « elle pourrait être repérée et capturée par des civilisations extra-terrestres ». Chaque sonde emporte à tout hasard, à l'instigation de Carl Sagan, un message gravé, sorte de « bouteille à l'espace », indiquant, entre autres informations, les coordonnées de la position de la Terre à l'intersection des plus puissantes sources radiomagnétiques émanant de très lointains quasars, ainsi qu'une représentation d'un homme et d'une femme. Ces effigies humaines risquent d'ailleurs de constituer pour des extraterrestres un message plus énigmatique que les coordonnées des radio-sources.

Voici l'essentiel de ce que nous ont appris ces « Voyagers » sur les planètes tournant autour du soleil :

Jupiter est une énorme masse fluide, une sorte de protoplanète ou d'étoile manquée, formée comme les étoiles essentiellement d'hydrogène (avec 10 % d'hélium et moins de 1 % de carbures d'hydrogène). Jupiter émet 1,7 fois plus d'énergie qu'il n'en reçoit du soleil. C'est une puissante source d'ondes radio. Sa magnétosphère qui tourne sur elle-même en près de 10 heures développe un très puissant champ magnétique, elle se comporte comme un immense accélérateur de particules. Jupiter possède 16 satellites : les quatre plus gros avaient été découverts en 1610 par Galilée. Callisto possède d'innombrables cratères, impacts de météorites. Europe et Ganymède sont couverts d'océans gelés et craquelés. Io, plus volcanique et plus chaude, est en perpétuel brassage depuis 4 milliards d'années.

Saturne a les mêmes dimensions que Jupiter et rayonne également plus d'énergie qu'il n'en reçoit. C'est essentiellement une sphère d'hydrogène, avec 7 % d'hélium, tournant rapidement sur elle-même.

Les anneaux de Saturne avaient été vus par Galilée en 1610, puis étudiés par Huyghens en 1654. Laplace en 1785 les avait considérés comme solides. Les sondes Voyager ont révélé la multiplicité des anneaux (plusieurs milliers), ainsi que leur extrême minceur : moins de 1 km d'épaisseur pour un diamètre de 300 000 km. Malgré le froid (de l'ordre de moins 100 degrés centigrades) qui règne sur son plus gros satellite, Titan possède une atmosphère qui pourrait autoriser une certaine forme de vie...

Plus loin encore du soleil, Uranus, découvert en 1781 par un astronome amateur (William Herschel), est une planète deux fois plus petite et plus éloignée du soleil que Saturne, ce qui explique sa très faible luminosité. Uranus est néanmoins 15 fois plus gros que la Terre. Il possède un noyau chaud formé de silicates et de fer, un manteau d'eau, de méthane et d'ammoniac, et une atmosphère contenant de l'hydrogène et de l'hélium. Voyager 2 a révélé la présence autour d'Uranus de 9 anneaux et de 5 satellites (dont les deux plus gros avaient été vus par Herschel en 1787).

Neptune, dont la masse est proche de celle d'Uranus, gravite en 165 ans à 4 milliards de kilomètres du soleil. Autrement dit, il n'a pas encore effectué un tour complet depuis sa découverte. C'est cette planète qui avait été prédite à peu près en même temps par Adams et par Le Verrier. Tenant compte des anomalies observées dans l'orbite d'Uranus, Le Verrier avait calculé l'orbite probable d'une planète plus lointaine, ce qui avait permis de détecter Neptune, dont on sait à présent qu'il comporte deux satellites.

Pluton est la neuvième et dernière planète, la plus éloignée du soleil (7 milliards de kilomètres), et de ce fait la plus froide. Elle tourne autour du soleil en 247,7 années, en suivant une orbite excentrée par rapport au soleil. Cette orbite est inclinée par rapport à celle de Neptune et la coupe dans sa partie la moins éloignée du soleil, sans risque toutefois de collision. De très petite taille, proche de celle de la lune, Pluton est accompagné d'un relativement gros satellite. Ces deux corps célestes se comportent comme une planète double, faite de glace, méthane et ammoniac solides.

Les planètes intérieures à l'orbite terrestre, Vénus et Mercure, ont suscité autant d'intérêt que les planètes extérieures, en particulier Vénus, qui est à peu près de la même taille que nous. Mais la température qui y règne, la rend invivable (450 degrés en moyenne). Ceci n'est pas dû seulement à sa proximité du soleil, mais aussi à sa rotation très lente et d'ailleurs rétrograde. Il s'y ajoute un effet de serre dû à son épaisse atmosphère formée de gouttelettes de gaz carbonique, d'azote, d'anhydride sulfureux et d'acide sulfurique, qui reflètent admirablement les rayons du soleil, faisant de Vénus, alternativement Étoile du Matin puis Étoile du Soir, l'astre le plus brillant de notre ciel.

Mercure plus proche du soleil tourne aussi très lentement. N'ayant pas d'atmosphère pour servir de tampon thermique, il est brûlant le jour et glacé la nuit. Il n'a comme Vénus aucune chance de pouvoir abriter quelque forme de vie que ce soit.

Nous sommes donc bien les seuls dans notre système solaire, ce qui ne suppose en rien que nous soyons seuls dans l'Univers.

***

Les comètes sont des astres voyageurs qui ont de tout temps excité les imaginations. Leur apparition annonçait, croyait-on, de grands événements. En fait ce sont des miniplanètes décrivant autour du soleil une orbite elliptique extrêmement grande et décentrée. A chaque passage à proximité du soleil (périhélie), le réchauffement et l'action du « vent solaire » produisent un nuage gazeux ionisé et fluorescent, perpendiculaire et opposé au soleil, ainsi qu'un nuage de poussières légèrement incurvé en raison du déplacement du noyau de la comète, d'où la formation d'une double queue lumineuse, plus ou moins visible.

Le noyau des comètes voyageant la plus grande partie du temps très loin du soleil est représentatif de la matière originelle qui s'est condensée pour former le système solaire. A chaque passage près du soleil, la comète perd un peu de sa substance.

Parmi quelque sept cents comètes recensées, la comète de Halley est la plus célèbre. Elle revient nous visiter périodiquement : déjà remarquée en l'an 240 av. J.-C., c'est elle qui figure sur la Tapisserie de Bayeux. Elle était en effet visible au moment du débarquement des Normands en 1066 et fut d'ailleurs considérée comme de mauvais présage par les Anglais; de fait le roi Harold trouva la mort au cours de la bataille de Hastings. C'est elle aussi que Giotto a peinte dans son *Adoration des Mages* en 1301, imaginant qu'un astre semblable avait guidé les bergers vers Bethléem. Le calcul indique que la comète avait dû traverser le ciel en l'an 12 avant notre ère, trop tôt donc pour être l'Étoile de la Nativité (même si, comme nous l'avons vu, la naissance de Jésus doit être avancée de quelques années).

Edmund Halley, se fondant sur les chroniques faisant état du passage d'une grande comète en 1531 et 1607, prédit que l'astre qu'il observait en 1662, reviendrait en 1759. Halley mourut en 1742, il ne put lui-même savourer sa prédiction. Mais lorsque l'astre se montra fidèle au rendez-vous, le retentissement dans l'opinion fut considérable.

En l'an 837 la comète passa très près de la Terre (20 millions de kilomètres) la chronique rapporte que sa chevelure occupait la moitié du ciel. Plus près de nous, en

1910, elle passa à 20 millions de kilomètres et brilla dans toute sa splendeur.

En avril 1986, la comète vient de faire un passage discret à 63 millions de kilomètres, visible surtout dans l'hémisphère sud. Six sondes étaient parties à sa rencontre. La sonde européenne fut baptisée « Giotto » à cause de *L'Adoration des Mages,* mais aussi parce que le projet avait pris naissance à Padoue, patrie de Giotto, à la suite de la suggestion faite en 1977 par Giuseppe Colombo. Ce dernier devait, lui aussi, mourir comme Halley avant la rencontre.

Le bilan de l'exploration par sondes est le suivant : le noyau est formé d'une sorte de boule de glace et de goudron d'un diamètre d'une quinzaine de kilomètres. Au passage près du soleil « Halley » perd plusieurs tonnes de matière à la seconde, en particulier sous forme de vapeur d'eau et de gaz carbonique. Mais étant donné sa masse actuelle, on peut prédire qu'on la reverra tous les 76 ans pendant encore au moins 200 000 ans.

Certains ont postulé que la chevelure de comètes aurait pu ensemencer la Terre... On a donc recherché des indices de vie, ou plus simplement, la présence de matières organiques en dehors de notre planète. A l'examen, certains météorites se sont révélés porteurs d'acides aminés, dont la provenance extra-terrestre pouvait être affirmée lorsqu'il s'agissait d'acides aminés « dextrogyres », puisque les acides aminés naturels trouvés sur Terre sont tous « lévogyres » (déviant à gauche la lumière polarisée).

Dans les échantillons lunaires, aucune trace de composés organiques ne fut découverte. Il en fut de même sur les prélèvements opérés par « Viking II » à la surface de Mars. Mais, cette absence décourageante de vie dans notre système planétaire ne peut préjuger en rien de ce qui se passe ailleurs dans l'immense Univers.

***

Considérons à présent les Étoiles.

Elles sont si lointaines, à des millions d'années-lumières, qu'en regardant le ciel c'est le passé que l'on contemple. On aperçoit des étoiles mortes depuis longtemps. D'autres sont nées, dont la lumière ne nous est pas encore parvenue. La lumière qui part maintenant des confins de l'Univers arrivera dans nos parages longtemps après que la Terre ait cessé d'exister...

Cela n'empêche qu'en cet instant où j'écris, un état réel du ciel doit bien exister, que nul ne peut percevoir, mais que la pensée plus rapide que la lumière peut imaginer.

Le premier catalogue d'étoiles a été établi par Hipparque, 150 ans avant notre ère, il donnait la position et l'éclat de 1 080 étoiles... Aujourd'hui, l'on en dénombre des milliards. Notre belle galaxie, la Voie lactée, que nous apercevons sur sa tranche, contiendrait environ 200 milliards d'étoiles. Il s'agit d'une nébuleuse spirale, formée d'étoiles et de nuage interstellaire, qui tourne sur elle-même en 200 millions d'années. Notre soleil apparaît situé assez loin du centre, ses dimensions comparées à celles des autres étoiles sont moyennes, ainsi que son âge (près de 5 milliards d'années).

Lors de son voyage dans l'hémisphère austral, Magellan et ses compagnons avaient observé deux nuages lumineux. Nous savons aujourd'hui que ce sont des galaxies satellites de la Voie lactée, c'est-à-dire relativement proches de nous. Les galaxies sont rassemblées en amas dans l'Univers, formant des « supergalaxies », elles-mêmes groupées en super amas (tels ceux de Persée ou d'Hercule). La nébuleuse d'Andromède, appartenant à notre amas galactique, est dix fois plus éloignée de la Voie lactée que les nuages de Magellan.

Une fois de plus, il est nécessaire de transposer à l'échelle humaine pour se faire une idée des distances concernées : si la Voie lactée avait la taille de Paris (le soleil n'occupant que la place d'un petit pois dans un arrondissement comme le VIIe), les nuages de Magellan seraient situés entre 40 et 80 kilomètres de la capitale, et Andromède serait aux environs de Marseille. Les autres nébuleuses avec lesquelles nous formons un super amas seraient dispersées à travers notre globe. Les autres super amas seraient très loin, comme le sont les autres planètes dans notre système solaire. En somme, l'infiniment grand, comme l'infiniment petit (l'atome), sont surtout faits de vide.

Il existe des milliards de galaxies : on en découvre aussi loin que nos télescopes peuvent porter, jusqu'à environ 4-5 milliards d'années-lumières. Mais il existe plus loin encore, des radio-sources détectables qui ne sont plus des étoiles. Ce sont des « quasars » (« quasi-stellar » radio-sources), objets lumineux situés à 5-12 milliards d'années-lumières. On les considère comme des noyaux très condensés d'anciennes galaxies libérant une fantastique énergie. Ils ont en effet un aspect d'étoile avec un spectre lumineux très dévié vers le rouge, mais un spectre radio de galaxie.

Nous avons devant les yeux les constellations que contemplaient les Anciens, toujours semblables à elles-mêmes. Le ciel nous semble immuable. De même un moucheron a une vie si brève qu'il ne pourrait dans sa forêt natale supposer que les arbres naissent et meurent.

Les chroniques des astronomes chinois rapportaient déjà qu'en 1054 apparut soudain une nouvelle étoile d'un grand éclat. Tycho Brahé en 1572, et Johannes Kepler en 1604, remarquèrent de leur côté le brusque changement d'éclat d'une étoile. Il devait s'agir dans chacun de ces cas de l'apparition d'une « Supernova », correspondant à l'explosion très lumineuse précédant la mort d'une étoile.

Tout récemment (le 23 février 1987), des astronomes ont repéré l'éclat subit d'une étoile dans la constellation de Magellan. Les physiciens alertés ont immédiatement recherché les traces de l'arrivée sur la Terre de « neutrinos », ces particules passe-murailles, dépourvues de charge. L'intérêt était double : confirmer que l'implosion d'une étoile et sa transformation en supernova se traduisait bien par une émission fantastique de particules hautement énergétiques, évaluer par ailleurs la masse de ces mystérieux neutrinos. Le détecteur de neutrinos enfoui dans la profondeur du mont Blanc confirma que sept neutrinos avaient bien été enregistrés en l'espace de cinq secondes le 23 février, à 2 h 53 dans l'échelle des temps universels. Japonais et Soviétiques notaient, de leur côté, une brusque salve de neutrinos sur leurs territoires.

On savait déjà que la masse du neutrino était infime par rapport à celle de l'électron. L'éventuel retard des neutrinos par rapport aux photons, après un parcours de 170 000 années-lumières, offrait une exceptionnelle opportunité d'apprécier si la masse du neutrino était nulle ou voisine de zéro. Les calculs entrepris permettront peut-être de conclure, à condition de pouvoir chiffrer au milliardième de seconde près l'éventuelle différence de temps de parcours jusqu'à nous de la lumière et des neutrinos après un si long voyage.

Nous savons donc que les étoiles naissent et meurent. Les astrophysiciens sont capables d'apprécier l'âge d'une étoile d'après le spectre de la lumière et des radiations radio-électriques qu'elle émet.

Les étoiles naissent par condensation de nuages de matière au sein des galaxies (en particulier à leur pourtour). La contraction gravitationnelle croît et la température s'élève finissant par déclencher la fusion de l'hydrogène.

Une étoile meurt lorsque tout son hydrogène s'est transformé en hélium, ce qui donne naissance à une « géante rouge ». La température continue à s'élever lors de l'effondrement du cœur de l'étoile, provoquant la fusion de l'hélium, puis d'atomes plus lourds. L'aboutissement varie avec la taille initiale de l'étoile : ce peut être une « naine blanche » d'une masse relativement très réduite, ou une « étoile à neutrons », noyau condensé géant d'une fantastique densité, ne contenant que des nucléons, ayant un champ magnétique énorme et pouvant être la source d'émissions radio cycliques (« pulsars »).

Si l'étoile possédait à l'origine une très grande masse, le stade final d'étoile à neutrons peut être dépassé. La condensation de la matière devient si prodigieuse qu'aucun photon ne peut ni en émaner ni la traverser, expliquant l'existence de certains « Trous noirs ». L'observatoire de Hawaï vient de découvrir un semblable « Trou noir » près du centre de notre galaxie, un de ces aspirateurs de matière, en raison de leur formidable densité et des forces gravitationnelles qui en découlent. Mais nos descendants n'ont rien à craindre, la Terre est très éloignée de ce maelström diabolique, ce ne sera pas là sa façon de périr.

Naissance et mort des étoiles traduisent le continuel échange qui existe à l'échelle cosmique entre le milieu interstellaire et les étoiles. C'est au cours de ce brassage que des atomes lourds se forment au sein des planètes. On estime que la matière contenue dans l'espace interstellaire représente de l'ordre de 10 % de la masse des étoiles.

On peut distinguer deux types de cycles : à haute énergie et à faible énergie.

Le cycle à « haute énergie » est celui qui s'observe au cœur des étoiles et au sein des nébuleuses, là où règnent des pressions et des températures fantastiques. Seuls des éléments légers comme les noyaux d'hydrogène, de deutérium et d'hélium peuvent tout d'abord exister. Au fur et à mesure du vieillissement d'une étoile, la fusion thermonucléaire donne naissance à des noyaux de plus en plus lourds qui vont être projetés très loin dans l'espace interstellaire au moment de l'explosion des supernovae pour donner naissance à de nouveaux atomes *(App. 17)*.

Entre les espaces glacés, où la matière est raréfiée, et le cœur des étoiles où elle est condensée et en fusion, des conditions intermédiaires se rencontrent au niveau de nuages stellaires relativement denses et au niveau des planètes, où se déroule un cycle de « faible énergie ». Des réactions chimiques entre atomes deviennent possibles, permettant la formation de molécules de plus grande taille. Des complexes moléculaires organiques, associant quatre atomes (carbone, oxygène, azote et hydrogène), sont à la base de la chimie des protéines.

Les atomes qui se trouvent sur notre planète sont présents dans le reste de l'Univers, recyclés dans les fournaises stellaires dont ils émanent. Plus de cinquante molécules organiques simples ont été détectées dans les espaces interstellaires. On ne sait si elles résultent du hasard des rencontres ou bien des propriétés des atomes. Des deux sans doute.

Chaque atome possède en effet, comme chaque pièce d'un échiquier, des caractéristiques qui lui sont propres. Le hasard, en mêlant des particules indifférenciées, ne pourrait qu'aboutir à un désordre non structuré. En revanche, la combinaison d'une centaine d'atomes, ayant chacun des propriétés spécifiques, entraîne l'édification de structures de plus en plus complexes, sans que l'on sache, toutefois, si cet auto-assemblage est programmé ou bien partiellement improvisé. En d'autres termes, on ne peut dire si la vie était en puissance dès le départ dans cette combinatoire, ni si elle constitue un aboutissement inéluctable ou bien un accident fortuit. On peut aussi se demander, si l'organique est, ici ou là, en train de gagner du terrain sur l'anorganique, avant d'être recyclé à l'échelle cosmique.

A supposer que les mêmes conditions puissent se trouver réunies ailleurs, la vie a pu émerger pareillement dans d'autres systèmes planétaires. Il serait toutefois extraordinaire, pour ne pas dire inconcevable, que dans cet immense Univers, comportant d'innombrables étoiles, la vie n'ait fait son apparition qu'à l'endroit de notre seule planète. Comme l'a dit Carl Sagan : « Il est possible que le Vivant soit inscrit dès le départ dans la chimie de l'Univers. »

Pour qu'un astre puisse abriter la vie, sans doute faut-il que sa température soit comprise entre celle de la liquéfaction de l'azote (–96° C) et le point d'ébullition de l'eau. On a pu calculer que si la Terre s'était trouvée un peu plus près du soleil (à seulement 0,95 unité astronomique, c'est-à-dire 5 % plus proche), elle aurait subi le même sort que Vénus (trop chaude, par suite d'un effet de serre). Mais, si elle avait été seulement un peu plus distante (d'un centième d'unité astronomique), elle aurait, comme Mars, perdu son eau et son atmosphère. Cela signifie que la zone viable autour d'une étoile (ou biosphère) apparaît extrêmement mince.

Mais n'oublions pas qu'il y a des milliards de milliards d'étoiles. Parmi elles, il faut éliminer celles qui seraient trop jeunes ou trop vieilles, celles qui seraient dépourvues de système planétaire, ou de planète à une bonne distance. Même en n'en retenant qu'une sur cent mille, cela laisse encore un bon nombre de milliards de possibilités d'éclosion de la vie.

Ajoutons que notre atmosphère intercepte les rayons infrarouges, ce qui rend de nombreux corps célestes invisibles même à partir des observatoires situés en haute altitude; d'où l'intérêt d'observer le ciel à partir de l'espace. Les États-Unis ont lancé le 25 janvier 1983 un satellite IRAS (Infra-red astronomical satellite) pour observer l'univers en dehors de l'atmosphère. La moisson d'informations ainsi obtenue n'est pas encore totalement exploitée. Dès à présent, cependant, de nouveaux nuages cosmiques ont été décelés. Les nébuleuses spirales (comme notre voie lactée) apparaissent plus riches en poussières que les autres types de nébuleuses, et de nouvelles comètes ont été mises en évidence. Mais le plus intéressant sans doute fut la découverte d'une ceinture de poussières autour de plusieurs étoiles « proches », dont Véga de la Lyre, cinquième étoile de notre ciel par sa brillance, deux fois et demie plus grosse que le soleil, située à 26 années-lumières de nous. Cinquante autres étoiles montrent de même un excès d'infra-rouges dans leur spectre, ce qui suggère l'existence de systèmes planétaires invisibles à partir de la Terre. Les scientifiques sont donc de plus en plus nombreux à estimer hautement probable l'ubiquité du Vivant et la pluralité des mondes habités.

Nous sommes ainsi conduits à nous interroger sur la possibilité de contact avec une « vie extraterrestre ». Certains tentent, depuis les années 1970, de détecter des signaux provenant de l'univers, en « écoutant » le ciel à l'aide de radiotélescopes géants *(App. 18).* Mais il serait vain de trop attendre de cette pêche dans le noir. Les ondes radio voyageant à la vitesse de la lumière (constante universelle qui ne peut être dépassée), on ne peut espérer communiquer avec des mondes, dont les plus proches sont à des dizaines d'années-lumières de nous. La distance constitue un formidable obstacle : à supposer qu'il existe ailleurs des êtres intelligents, ils se trouveraient coupés les uns des autres par l'immensité galactique.

Si d'autres mondes sont habités, comme pourrait le faire espérer la phrase de l'Évangile : « Il y a plusieurs demeures dans la maison de mon Père », on ne pourrait s'y rendre. Même si l'humanité parvenait à construire des fusées approchant la vitesse de la lumière (elles en sont très loin), il faudrait des dizaines et des centaines d'années pour atteindre les étoiles les moins éloignées de notre galaxie. Ce serait un voyage sans arrivée et sans retour. Laissons les poètes rêver que le temps pourrait suspendre son vol; mieux vaut toutefois ne pas trop tabler sur le ralentissement du temps biologique aux très grandes vitesses...

Je voudrais terminer ces réflexions en citant une remarque insolite de Pasteur, dont le génie fut tel qu'on ne peut la prendre à la légère :

« Qui nous dit que les progrès de la science n'obligeront pas les savants qui vivront dans un siècle, dans mille ans ou dans dix mille ans, à affirmer que la vie a été de toute éternité et non la matière. Vous passez de la matière à la vie parce que votre intelligence actuelle, si bornée par rapport à ce que sera l'intelligence des naturalistes futurs, vous dit qu'elle ne peut comprendre autrement les choses. Qui m'assure que, dans dix mille ans, on ne considérera pas que c'est de la vie qu'on croira impossible de ne pas passer à la matière. »

***

Pour tenter de comprendre d'où nous venons et ce que nous sommes, considérons à présent la naissance de la Vie sur Terre, ainsi que sa diversification ultérieure.

Des gaz se sont échappés des profondeurs incandescentes de la Terre après sa naissance torride, il y a plus de quatre milliards et demi d'années, constituant une atmosphère primitive faite d'hydrogène, d'azote, de méthane, d'ammoniac, de gaz carbonique et de vapeur d'eau. L'eau se condensa lorsque la température baissa, produisant les océans. Dans ce bouillon primitif contenant des matières organiques se sont formés des acides aminés qui ont donné naissance à des macromolécules *(App. 19).*

A partir de là, l'apparition de cellules capables de se reproduire à l'identique a constitué un pas prodigieux qu'on est bien incapable d'obtenir en laboratoire. On le situe à environ deux milliards et demi d'années. Mais il fallut encore un milliard d'années avant que le matériel génétique libre dans la cellule des premières bactéries, vienne à se condenser à l'abri d'un noyau. Puis on est passé très progressivement des premiers unicellulaires nucléés à des organismes multicellulaires. Par la suite l'évolution n'a cessé de s'accélérer.

Pour se représenter cette accélération, il est bon de ramener à l'échelle d'une vie humaine les immenses durées géologiques : si l'évolution de la Terre jusqu'à aujourd'hui était condensée en une seule de nos années, les premières formes de vie se seraient manifestées au mois d'avril, les vertébrés seraient apparus en novembre, les mammifères à la mi-décembre, les primates le 25 décembre. L'Homo ne s'en serait séparé que le dernier jour, sa préhistoire occuperait le dernier quart d'heure, l'ère historique (9 000 ans) la dernière minute, et l'ère scientifique tiendrait dans les deux dernières secondes de l'année... C'est dire que nous sommes des nouveaux venus.

Au départ, il n'y avait pas d'oxygène. Les premiers organismes étaient « anaérobies ». C'étaient des algues unicellulaires flottant à la surface des mers. Grâce à un pigment respiratoire, cette mince pellicule végétale a su capter l'énergie solaire pour fixer l'acide carbonique et rejeter de l'oxygène. Il a fallu des centaines de millions d'années pour arriver à la composition de notre atmosphère actuelle (que la pollution industrielle menace). Les organismes supérieurs ont tiré un grand profit de cette « aérobiose » permettant des combustions plus énergétiques. Toutefois, certaines bactéries, conservatrices, sont demeurées anaérobies; elles s'en trouvent bien et, en dépit de leur respiration archaïque, elles sont toujours capables d'infliger à l'homme de graves maladies (tétanos, gangrène gazeuse, botulisme...)

Tout le Vivant s'est édifié à partir des mêmes structures de base : vingt acides aminés, et quatre bases azotées formant un code réplicatif (ADN et ARN) dont nous reparlerons. Pourquoi vingt acides aminés seulement? Pourquoi tous lévogyres? Nous ne le savons pas, mais cela suffisait pour édifier plus de deux millions d'espèces.

Les frontières entre règne végétal et règne animal sont imprécises : certaines bactéries sont immobiles, de type végétal, d'autres pourvues de cils sont mobiles. En revanche, de nombreux animaux marins primitifs sont immobiles, rivés aux fonds des mers telles les actinies, ou se laissant passivement emporter comme les méduses.

Ainsi, la vie est née dans la mer, cette « grande matrice », disait Michelet. Sans le végétal « autotrophe », capable de vivre d'air, d'eau et de lumière, il n'y aurait pas eu de vie animale. Tous les animaux sont en effet des « hétérotrophes », condamnés à se nourrir de végétaux ou d'autres animaux.

Les deux règnes ont évolué de concert, dans l'eau d'abord, puis dans l'air : des algues aux orchidées et du protozoaire jusqu'à l'homme.

Résumons les grandes lignes de cette évolution *(App. 20).*

Au début de l'ère primaire, la végétation découverte par les marées, s'est peu à peu propagée sur la terre : il s'agit de mousses, ne comportant ni racines ni feuilles, et de lichens, association profitable entre algues et champignons.

Les oursins succèdent aux annélides et les arthropodes vont foisonner : crustacés et insectes.

Une étape biologique fondamentale fut l'acquisition de la capacité d'insolubiliser le calcium. Les mollusques se protégèrent par un exo-squelette, c'est-à-dire par une coquille. Les « Prochordés », ancêtres des vertébrés, formèrent un endo-squelette *(App. 21).*

Les premiers poissons étaient cuirassés comme les arthropodes, et dépourvus de mâchoires comme la lamproie, véritable fossile vivant. S'adaptant à la vie dans la vase et à la dessication saisonnière, certains poissons (les Crossoptérygiens) ont vu leurs nageoires devenir pattes et leur vessie natatoire se transformer en poumons.

Événement considérable pour une partie du règne animal, que cette sortie des eaux, il y a environ 350 millions d'années *(App. 22).* Les organismes qui se sont hasardés sur la terre ferme ont emporté dans leurs tissus et dans leur sang cette eau précieuse *(App. 23).*

Les amphibiens pondent encore leurs œufs dans l'eau, et beaucoup d'insectes ont des larves aquatiques. Les embryons des mammifères, les petits d'hommes y compris, baignent dans un liquide amniotique, ils ont des sillons semblables aux fentes branchiales des requins. Chaque petit de mammifère revit ainsi personnellement la sortie historique des eaux.

L'Ère Secondaire est celle des fougères et des conifères *(App. 24).* Celle aussi des reptiles, innombrables et variés, dans les eaux, sur la terre et dans les airs. L'œuf des reptiles (comme le sera celui des oiseaux) possède une réserve d'eau, de nourriture et d'air, permettant une autonomie terrestre. Les grands reptiles herbivores ou carnivores qui ont autrefois peuplé la planète se sont éteints à la fin du Secondaire, il y a 65 millions d'années, pour des raisons obscures, sans doute un bouleversement climatique.

Les oiseaux dérivent de reptiles ailés et pondent toujours des œufs. L'Archéoptéryx, ancêtre des oiseaux, descend des Ptérosaures, reptiles volants, comme on en voit dans les tableaux de Jérôme Bosch : créatures ayant des plumes et des dents, ainsi qu'une queue formée de vingt vertèbres, dragons ailés plutôt que serpents à plumes. On a peine à se figurer que les oiseaux au sang chaud, si vifs et agiles, et les reptiles au sang froid qui se traînent, appartiennent à des classes directement apparentées. On ne l'aurait jamais cru, si l'on n'avait eu la chance de saisir dans ce fossile la transition entre deux classes de vertébrés qui ne possèdent en commun que le fait de pondre des œufs et d'avoir des globules rouges nucléés.

Les premiers mammifères sont d'apparence fort modeste *(App. 25).* De petits insectivores, sortes de musaraignes, dont dérivent directement les Lémuriens, sont les ancêtres des primates, c'est-à-dire des singes et des hommes.

Certains mammifères, sont revenus dans l'eau, démontrant ainsi que la nature n'avait pas d'idée arrêtée : Les pattes sont redevenues nageoires chez les cétacés, phoques et autres « pinnipèdes » qui ont conservé leurs poumons et leurs mamelles.

***

On ne peut espérer comprendre notre place dans l'arbre de vie, sans conserver à l'esprit l'unité et la diversité du Vivant.

Aristote connaissait moins d'un millier d'espèces végétales et animales. Linné en dénombrait 4 400. On distingue aujourd'hui près de 500 000 espèces végétales et plus d'un million d'espèces animales (les insectes à eux seuls en comptent environ 850 000). Chaque année on découvre des plantes ou des insectes encore inclassés.

La variété du monde végétal est remarquable. Que d'espèces parmi les structures primitives, mousses, fougères, lichens, et surtout parmi les formes ultérieures plus élaborées, herbacées, arbres et arbustes *(App. 26)*.

La différenciation sexuelle est très ancienne. Déjà, chez les fougères, des spores se différencient en gamètes mâles, petits et mobiles, et en gamètes femelles, gros et immobiles, tout comme dans le règne animal.

L'apparition de plantes à fleurs accroît les possibilités de croisement à distance. Même si un arbre peut porter des fleurs des deux sexes, la nature privilégie l'hétérofécondation plus diversifiante, en déphasant le plus souvent la maturation du pistil femelle et celle des étamines mâles. L'autofécondation n'est conservée que comme ultime recours *(App. 26bis)*.

Le sexe est plus poétique dans le monde végétal que dans le monde animal, la variété des fleurs est remarquable : 250 000 espèces florales attirent par leur couleur ou leur parfum les insectes fertilisateurs! Ce ne sont pas pour les hommes que les fleurs se sont faites belles, elles existaient bien avant le genre humain, mais pour leurs petits et infatigables auxiliaires ailés.

Nombreux sont les vecteurs de pollen compensant l'immobilité végétale : vent, insectes entremetteurs, et même sous les Tropiques, chauves-souris et oiseaux-mouches : l'Oiseau du Paradis se régale du nectar de la pulpeuse

« Couroupita », orchidée rouge aux fleurs odorantes, larges comme des soucoupes.

Dans le pacte d'assistance mutuelle qui s'est tacitement instauré entre les plantes à fleurs et certains insectes, chaque partie trouve son profit : la fleur offre son nectar, l'insecte ses bons offices de transporteur-inséminateur involontaire.

Une fois le pollen parvenu sur le stigmate poisseux du pistil, la fécondation diffère assez peu de celle qui s'opère dans le règne animal : le végétal perd sa passivité, le grain de pollen émet un prolongement mobile qui chemine à travers le style jusque dans la profondeur de l'ovaire à la rencontre d'un ovule qu'il pénètre. Dans nombre d'espèces, l'ovaire accumule l'eau et des réserves nutritives, les fruits ainsi formés favorisent la dissémination des graines par les animaux fructivores.

Les plantes sont moins différentes des animaux qu'il n'y paraît : elles respirent et transpirent; elles se tournent du côté du soleil; elles savent pousser à la verticale sur n'importe quelle pente; elles se concurrencent entre elles pour envahir une niche écologique; elles vont chercher l'eau avec leurs racines en contournant les pierres. Enfin, n'oublions pas qu'elles sont vivantes et qu'on les tue sans scrupule, souvent même sans en avoir conscience. « Abattre un arbre, écrit Marguerite Yourcenar, c'est tuer qui ne peut fuir. » Hélas! les forêts se réduisent plus vite qu'elles ne peuvent se reconstituer. Et cela, pour fabriquer du papier dont la grande masse est jetée le jour même.

***

Les formes de vie visibles et invisibles sont d'une fantastique diversité : une goutte d'eau prélevée dans un étang révèle d'innombrables espèces. Le plancton compte des milliers de variétés d'algues microscopiques, de protozoaires et de minuscules crustacés. Plus de 30 000 espèces de protozoaires, avec ou sans cils ou flagelles, avec ou sans squelette de silice ou de calcaire, ont traversé les âges et sont parvenues jusqu'à nous.

Les métazoaires (pluricellulaires) ont éclaté en plusieurs embranchements. Les annélides, compartimentés en anneaux, comptent plus de 40 000 espèces. Les vers plats ou ronds : 26 000. Les mollusques, avec ou sans coquille : 100 000 espèces (Ce ne sont là que des ordres de grandeur).

Les vertébrés, plus tard venus, comprennent environ 2 000 espèces de poissons, 2 000 espèces de batraciens, 3 000 espèces de reptiles, à peu près autant d'oiseaux, et enfin 4 000 espèces de mammifères. Parmi ceux-ci 200 espèces de primates, au sein desquels l'espèce humaine se retrouve pour l'instant toute seule.

La diversité ne se situe pas seulement dans les formes, mais aussi dans le comportement et dans les performances.

On est admiratif devant la perfection du monde des insectes : petites merveilles de précision, admirables mécaniques miniaturisées *(App. 27)*. On peut s'émerveiller de la remarquable capacité que possède le Vivant d'affronter les conditions les moins clémentes : certaines antilopes peuvent se passer de boire pendant des semaines; la faune arctique résiste aux froids extrêmes; les reptiles peuvent jeûner près d'une année... Les scorpions supportent le froid, le chaud et le jeûne prolongé; ces anachorètes n'ont pas souffert des radiations atomiques produites par l'explosion de Reggane au Sahara. De même, à Hiroshima, les vers de terre auraient survécu dans le sol des jardins.

Si les hommes viennent à s'anéantir un jour avec leurs bombes, le Vivant tient ainsi des cartes en réserve sous les calottes polaires, au fond des terres et des océans. Il repeuplerait tôt ou tard les parties dévastées.

***

Pour tenter de comprendre notre condition humaine, voyons comment notre espèce s'est différenciée des autres mammifères.

Les origines de l'homme reculent, au fur et à mesure des trouvailles paléontologiques.

L'apparition des primates s'est produite il y a environ 70 à 80 millions d'années, lorsque de petits mammifères arboricoles se sont séparés des rongeurs. Il s'agit des Lémuriens, gentilles petites bêtes avec de grands yeux frontaux déjà pensifs, des doigts préhensiles, une longue queue et des talents d'acrobates, enfin avec une capacité crânienne qui commence déjà à se faire remarquer. La séparation de Madagascar du continent africain il y a 60 millions d'années leur offre un abri. Dans cette réserve naturelle, une vingtaine d'espèces de Lémuriens ont survécu, dont le plus archaïque serait le « Purgatorius », nom fatidique pour l'aïeul de la famille...

Il y a environ 30 millions d'années, apparaissent diverses espèces de singes à queue semblables à ceux qui vivent encore de nos jours, tel le gibbon. Les premiers primates anthropomorphes remontent à 20-25 millions d'années. Beaucoup de ces fossiles du miocène sont difficiles à classer, les uns évolueront vers le groupe des « Pongidés » c'est-à-dire des grands singes anthropoïdes sans queue (chimpanzé, gorille, orang-outan), les autres vers nos ancêtres directs qui sont les « Hominidés » *(App. 28)*.

Si l'absence de queue différencie l'Homo ainsi que les Pongidés des singes à queue plus archaïques, c'est une pénible surprise d'observer de temps à autre un nouveau-né humain muni d'un appendice caudal. Quelques observations exceptionnelles en ont été rapportées, témoignant de l'activité d'un gène de développement caudal, ou de l'absence d'un gène de répression de cet appendice encombrant qu'il suffit d'amputer. Des mamelons surnuméraires sont moins exceptionnels, ils viennent nous rappeler combien nous sommes proches des autres mammifères, ce que nous révélera avec encore plus d'éloquence la biologie moléculaire et l'étude des gènes.

Les australopithèques sont des hominidés qui se sont différenciés des grands singes anthropoïdes il y a deux à trois millions d'années; on en a trouvé des vestiges en divers points d'Afrique. D. Johanson et coll. ont découvert les plus anciens squelettes dans le Rift africain (grande faille allant de l'Éthiopie au Mozambique) : d'abord en 1974 au nord (vallée de l'Afar), Lucy, une australopithèque vieille de 3,5 millions d'années; puis, en 1986, au sud (vallée de l'Olduvai) les ossements d'un Homo habilis datant de 1,8 million d'années *(App. 29)*.

Afrique berceau de l'homme... Voici de quoi rabattre la superbe de la race blanche. S'il est vrai que Dieu-le-Père a formé le premier homme à sa ressemblance, il semblerait mieux fondé de s'en faire une image de type africain, plutôt que caucasien comme le veut la tradition byzantine.

Des restes d'« Homo erectus » (ou « robustus ») vieux de cinq à sept cent mille ans ont été trouvés à Java, et en Chine (« Homme de Pékin »).

L'« Homme de Neandertal » date d'il y a cinquante à cent mille ans. L'« Homme de Cro-Magnon » est vieux (ou jeune...) de quarante mille ans. Ces « Homo sapiens » possédaient déjà la capacité crânienne de l'homme contemporain (1 500 ml). L'on peut se demander pourquoi un ou deux millions d'années de stagnation ont séparé les premiers humains, qui savaient déjà tailler les pierres, des hommes qui ont décoré la grotte de Lascaux. Sans doute, les neurones de l'homme moderne étaient-ils déjà en place. L'Homme de Cro-Magnon ensevelissait les morts; il savait peindre sur la paroi des grottes, tailler des statuettes dans la pierre, l'os ou l'ivoire (telle la Vénus de Lespugue). Ses capacités d'abstraction étaient donc proches des nôtres, mais il avait peu de moyens de transmettre ses acquisitions. Les groupes devaient être très dispersés et ne comprendre qu'un petit nombre d'individus. Notre plus ancien ancêtre trouvé sur le sol national est celui de la Chapelle-aux-Saints, en Corrèze. Le radio-carbone, ou le rapport potassium-argon, permettent de le situer quarante mille ans en arrière.

Le genre humain est étrangement pauvre en sous-espèces ou races. Il est vrai que notre apparition est très récente et qu'au moins un million d'années apparaît nécessaire pour une « spéciation » (individualisation d'une nouvelle espèce). Loin de se diversifier, les races noire, jaune, et blanche, tendent à se fondre par métissage. Le développement culturel est par ailleurs susceptible de neutraliser certaines « pressions de sélection », en particulier climatiques (c'est ainsi que les vêtements et le chauffage amortissent les différences provenant de la latitude ou de l'altitude).

Notre supériorité évidente sur les autres espèces ne doit pas nous faire oublier notre étroite parenté avec les mammifères supérieurs et en particulier avec les autres primates. Il est intéressant de comparer les primates entre eux, non seulement sous l'angle morphologique des anthropologistes, mais en s'aidant de la biologie moléculaire, capable de révéler des analogies beaucoup plus profondes. L'étude comparée des groupes sanguins, du caryotype chromosomique et des séquences de gènes, révèle en effet des parentés, aussi bien que des différences insoupçonnées, entre l'homme et le reste de la famille.

Bien que notre ancêtre commun à tous se soit depuis longtemps éteint, l'étude des groupes sanguins peut aider à retracer la filiation des primates. L'antigène B du groupe ABO est le plus ancien, déjà présent chez les Lémuriens. L'antigène Rhésus se trouve déjà, comme son nom l'indique, chez le macaque *(App. 30)*.

Le « caryotype » est la formule chromosomique, qualitative et quantitative, propre à chaque espèce. On a comparé le caryotype de l'homme et celui des grands singes anthropoïdes : la différence majeure consiste en l'absence chez l'homme d'une paire de chromosomes commune à tous les primates. Il est tentant de penser que la fusion de deux paires de chromosomes dits « acrocentriques » (chromosomes courts) aurait abouti dans notre espèce à la différence observable entre la deuxième paire de chromosomes simiens et humains *(App. 31).* Une « translocation équilibrée » aurait pu aboutir à la fusion bout à bout de deux paires acrocentriques pour former une seule paire de grands chromosomes médiocentriques, réduisant de 24 à 23 le nombre de paires chromosomiques.

Selon J. de Grouchy, l'apparition de l'espèce humaine aurait pu résulter de la descendance d'un seul couple incestueux porteur de ce type de fusion chromosomique (l'inceste est habituel chez les primates). Même si cette réduction chromosomique n'est pas la cause de la spéciation, elle aurait pu l'avoir consolidée en créant une barrière d'interfécondité. Toutefois, l'Homo semble être apparu simultanément en plusieurs points très distants, ce qui ne plaide pas pour semblable hypothèse.

Il serait d'ailleurs surprenant qu'une paire de chromosomes en moins puisse expliquer notre supériorité. On ne trouve, en effet, aucune corrélation entre le nombre des chromosomes et la complexité d'une espèce végétale ou animale : c'est ainsi que si le crocus a 6 chromosomes, le lys en a 20, le pommier 34, le tabac 48 et la prèle 200...

Parmi les espèces animales, la drosophile et l'ascaris ont 4 chromosomes, la grenouille 24, l'homme 46, le cheval 64 et le chien 68...

***

Le temps n'est pas loin où l'on considérait que les lois de la chimie et de la physique étaient inapplicables au Vivant. On pensait la vie insaisissable dans son essence et irréductible aux sciences traditionnelles. La biologie a cependant fait des progrès spectaculaires, en particulier dans les domaines de la chimie des protéines et de la biologie moléculaire *(App. 32)*.

Tout élève de classe terminale apprend de nos jours la structure de la double hélice d'ADN et le rôle des ribosomes dans la synthèse des protéines. Il sait ce qu'est une « méiose » ou une « réduction chromatique », et il connaît approximativement le fonctionnement des organites cellulaires. Même si la plupart des notions scolaires sont oubliées, à peine apprises, la plupart des grandes découvertes biologiques de ces dernières années ne sont plus inconnues du grand public.

Ceci me permettra de me limiter aux acquisitions de la biologie ayant trait plus particulièrement à la transmission des caractères héréditaires.

Ceux-ci ont pour support des messages codés inscrits dans une très longue double hélice d'ADN *(App. 33)*. Ce sont des copies de ces messages que les individus se transmettent de génération en génération sous forme de gènes ayant une double origine paternelle et maternelle.

L'ensemble des gènes d'un individu constitue son « génome ». L'ensemble des gènes échangés au sein d'une espèce constitue son « pool génique ».

La connaissance de la structure de l'ADN et de l'ARN, ainsi que la compréhension du code génétique et de son fonctionnement, sont de remarquables acquisitions de ces vingt-cinq dernières années. On en trouvera résumées en appendice les données de base *(33)*.

Bornons-nous à mentionner ici que les gènes sont formés de très longues séquences de « paires de bases » complémentaires : Adénine-Thymine (AT) et Guanine-Cytosine (GC). Trois paires de base juxtaposées constituent un triplet appelé « codon ». Ces « triplets » de bases nucléiques commandent la synthèse de tel ou tel acide aminé. La longueur des séquences géniques se mesure en nombre de « paires de bases ». Lorsque ce nombre est supérieur à 1000, on l'exprime en « kilobases ».

Chez les unicellulaires sans noyaux (procaryotes), l'ADN

est exprimé en totalité, il est libre dans le cytoplasme sous forme d'un filament circulaire « double-brin » pelotonné. Chez les pluricellulaires (eucaryotes), les filaments d'ADN sont enclos dans le noyau. Une petite fraction seulement de la séquence de nucléotides est exprimée : la partie du gène qui sera traduite est appelée « exon », elle correspond à l'ARN messager définitif, qui transmet l'information du noyau vers le cytoplasme de la cellule où se fait la synthèse des acides aminés dans une sorte de chaîne de traduction et de montage. Les acides aminés montés bout à bout forment les protéines.

Des segments non traduits du gène, intercalés entre les exons, sont appelés « introns ». Il reste encore beaucoup à apprendre sur le rôle de ces parties muettes. Certaines paraissent être des résidus inactifs de l'évolution, d'autres pourraient jouer un rôle de régulation ou bien coder pour des produits non encore caractérisés.

Le génome d'un homme, qui provient pour moitié de chacun des deux gamètes paternel et maternel, totalise environ trois milliards de paires de bases (3 millions de kilobases), ce qui représenterait, si on parvenait à le dérouler, une longueur d'ADN d'environ un mètre.

Le gène le plus long, parmi ceux qui nous sont actuellement connus dans leur intégralité, est celui du facteur anti-hémophilique A (facteur VIII de la coagulation du sang). Il comporte 186 kilobases, ce qui représente environ la millième partie du chromosome X, qui appartient à la paire de chromosomes sexuels *(App. 34)*.

Chacune des cellules de l'organisme possède la totalité du génome, mais seuls s'expriment dans un organe les gènes nécessaires à sa fonction. La plupart des gènes se trouvent donc normalement réprimés.

A côté des gènes de structure, codant pour une protéine donnée, existent en effet des gènes de régulation.

Parmi ceux-ci se trouvent des « promoteurs », séquences amplificatrices situées en amont du gène à traduire.

Des séquences inhibitrices sont, quant à elles, capables

de mettre des gènes en sommeil. C'est ainsi que dans notre espèce, au cours des semaines qui succèdent à la naissance, une commutation d'activité intervient entre le gène de l'hémoglobine « fœtale » et celui de l'hémoglobine « adulte ». Ce processus aboutit au remplacement de l'hémoglobine fœtale, qui a une grande affinité pour l'oxygène (permettant les échanges d'oxygène au niveau du placenta entre sang maternel et sang fœtal), par l'hémoglobine adulte mieux adaptée aux échanges atmosphériques.

Le code génétique est universel : il ignore la barrière des embranchements, des classes et des espèces. Il est le même pour tous les êtres vivants : bactéries, plantes, insectes, mollusques, vertébrés inférieurs ou supérieurs... Cette universalité, qui demeure fondamentale, n'exclut pas quelques variantes de détail *(App. 35)*.

Cependant, chaque espèce défend jalousement le pool de gènes qui lui est propre par la « barrière de fécondité » qui s'oppose à toute mésalliance.

Les « biotechnologies » permettent de transgresser cette barrière des espèces. L'ère pastorienne avait déjà ouvert la voie aux technologies biologiques (sans encore les nommer ainsi), en utilisant des ferments vivants pour la production d'alcool, de vin, de bière, de fromage... Des micro-organismes (bactéries ou levures) avaient été empiriquement sélectionnés, mais sans avoir été modifiés par l'homme.

Les « recombinaisons génétiques » modernes sont beaucoup plus ambitieuses et révolutionnaires. Prenant modèle sur les virus, qui envahissent les cellules d'autres espèces, en s'insérant comme un cheval de Troie dans leur génome, les biologistes sont parvenus à greffer dans le génome de bactéries et de levures, ou dans des cultures de cellules d'organismes multicellulaires, des gènes codant pour des protéines humaines.

L'homme s'attaque ainsi au cœur de la création, il recombine ce que les espèces avaient séparé. A l'échelle moléculaire, il est désormais possible de marier la carpe et le lapin, ce qui peut apparaître bien téméraire. Toutefois, c'est la nature qui avait montré la voie (avec les virus) en fournissant les modèles et les moyens de pratiquer des recombinaisons génétiques.

Les virus sont, rappelons-le, des organismes réduits à leur plus simple expression, c'est-à-dire essentiellement à leur génome. Ils sont constitués, selon les espèces, d'ADN double-brin ou simple-brin (ou d'un mélange des deux), ou bien d'ARN qui est toujours simple brin. Ce génome est protégé par une capsule protéique souvent empruntée à l'hôte. En effet, le virus ne peut se développer sans le secours de la cellule qu'il parasite. Il utilise la machinerie cellulaire de la cellule-hôte pour se répliquer. Ainsi, le « phage-lambda » transpose son ADN au sein de l'ADN du colibacille qu'il parasite. Il l'introduit, comme on entre par effraction dans une ronde, en l'interrompant au niveau d'une séquence spécifique, rétablissant ensuite la continuité à ses extrémités (qui comportent des nucléotides compatibles avec les parties sectionnées).

Certains virus ont une action cancérigène directe ou indirecte *(App. 36)*. Ils activent hors de propos des gènes de croissance cellulaire présents chez tous les individus, entraînant une prolifération anarchique.

On peut s'effrayer des manipulations génétiques et les estimer contre-nature. Mais n'est-il pas d'une certaine manière aussi contre-nature de donner des médicaments? Les pouvoirs de la science sont à double face : la bactériologie peut déboucher sur la guerre bactérienne, mais aussi sur la préparation de vaccins protégeant contre les maladies infectieuses. Ces derniers ont permis d'éradiquer des fléaux comme la variole. On peut de même escompter des biotechnologies de nombreux progrès thérapeutiques.

Je mentionne en appendice, pour ceux que cela intéresserait, les méthodes de base utilisées dans le domaine des biotechnologies *(App. 37)*. Celles-ci ont déjà permis de faire produire par des micro-organismes diverses hormones humaines (insuline, hormone de croissance, érythropoiétine) ; des facteurs intervenant dans la coagulation du sang (activateur du plasminogène capable de dissoudre des caillots, facteurs antihémophiliques); ainsi que des substances impliquées dans la défense immunitaire (vaccins biosynthétiques, interféron, interleukines)...

Le principal avantage des protéines humaines de « recombinaison » par comparaison avec les produits d'extraction réside dans leur pureté. C'est ainsi qu'un facteur VIII de recombinaison (actuellement parvenu au stade d'expérimentation clinique) permettrait de soigner les hémophiles sans les exposer au risque de transmission de virus inhérent aux fractions plasmatiques qui doivent être pasteurisées *(App. 38)*.

Toutefois, un large recul sera nécessaire pour apprécier l'innocuité et la stabilité de ces nouveaux produits thérapeutiques de recombinaison génétique.

***

Le génie génétique doit beaucoup à la maîtrise des cultures cellulaires. Alexis Carrel fut pionnier en ce domaine, réussissant à maintenir en culture, de 1910 à la seconde guerre mondiale, des cellules cardiaques d'embryon de poulet que l'on pouvait voir battre sous le microscope *(App. 39)*.

Les cellules malignes ont de leur côté un potentiel de croissance indéfinie, de même que les cellules de mammifères contaminées par certains virus *(App. 40)*.

On a réussi par ailleurs à fusionner des cellules végétales et même des cellules animales d'espèces différentes, obtenant ainsi des cellules « hybrides » ayant un excès de chromosomes.

Des hybrides cellulaires homme-souris ont ainsi permis de faire progresser considérablement nos connaissances de la « cartographie des gènes » au niveau des chromosomes *(App. 41)*.

Il est également possible d'obtenir des hybrides souris-souris en fusionnant des cellules malignes (myélome de souris) et des lymphocytes normaux provenant de souris immunisées au préalable contre un antigène choisi. Cette technique des « hybridomes » a ouvert un immense champ d'applications en biologie *(App. 42)*.

*
* *

Avant d'aborder le chapitre de l'évolution du Vivant, il est bon de rappeler les grandes lignes de la reproduction et du développement embryonnaire.

Les unicellulaires sont asexués, ils se reproduisent « horizontalement » : une cellule se divise en deux parties identiques. Ceci n'implique pas que les micro-organismes soient immortels : s'ils ne meurent pas de vieillesse, ils périssent en bloc de multiples façons. Les unicellulaires se divisent une ou plusieurs fois par 24 heures, ce qui met en jeu des mécanismes biologiques très complexes *(App. 43)*.

La reproduction à l'identique des monocellulaires s'est accomplie des milliards de milliards de fois, sans erreurs, depuis la nuit des temps, mais la rançon de la fidélité est le manque d'invention. Les cellules-filles sont toutes identiques (elles forment un clone), leur évolution ne peut provenir que de mutations.

La paramécie, un protozoaire cilié dont nous avons déjà parlé, se dédouble environ toutes les 24 heures. On a calculé qu'une paramécie pesant un nanogramme (un millionième de gramme) donnerait au bout d'une semaine, si l'environnement lui était favorable, une colonie pesant 1 milligramme. Au neuvième jour, celle-ci pèserait un gramme; si l'environnement demeurait favorable, sa masse atteindrait un kilogramme au douzième jour, une tonne au quinzième jour et la masse totale du globe au trentième jour... Cette démonstration par l'absurde, montre l'importance de l'équilibre écologique. Toutes les espèces, qu'elles soient ou non unicellulaires, sont en compétition entre elles et en concurrence pour les ressources nutritives.

Une sorte de « présexualité » a été observée chez les bactéries. Il s'agit d'un échange limité de matériel génique qui s'opère par l'intermédiaire de « plasmides », petits anneaux d'ADN susceptibles de se transmettre de bactérie à bactérie. C'est ainsi que peuvent se communiquer un gène de résistance à un antibiotique, ou bien celui d'une enzyme permettant de métaboliser un sucre. Le terme de sexualité apparaît d'ailleurs quelque peu abusif, car la polarisation des partenaires est incertaine, et moins d'un centième du génome peut s'échanger par la voie des plasmides.

Les pluricellulaires échangent leur matériel génétique de façon bien plus radicale grâce à la sexualité. Il a fallu un milliard d'années pour qu'apparaisse ce procédé efficace de brassage des gènes à chaque génération *(App. 44)*.

Au départ, la rencontre des gamètes était laissée au hasard, ce qui n'allait pas sans un grand gaspillage. L'amour chaste et distant des végétaux, ou des poissons, se traduit par une fantastique dépense de semences des deux sexes (mais rien ne se perd dans la nature, le surplus sert de pâture à d'autres espèces).

Par la suite, la nature n'a ménagé aucun stratagème pour favoriser la rencontre des gamètes. Mettre les deux sexes en étroit contact s'est avéré beaucoup plus rentable. Toutes les variantes de copulation s'observent et ne sont pas moins singulières que les parades nuptiales. La nature s'accommode parfois de comportements aberrants : c'est ainsi qu'il existe une espèce de punaise où le mâle perfore les téguments de la femelle avec son appareil copulateur. Après un long trajet dans le corps de sa partenaire, les spermatozoïdes parviennent aux organes génitaux, sans que cette fécondation barbare soit préjudiciable au succès de l'espèce.

Pour transmettre la vie, les individus prennent tous les risques, il en va de l'existence de l'espèce. Les sexes accouplés abandonnent momentanément toute prudence ; de même, l'instinct maternel protège de façon intrépide la progéniture.

La fécondation une fois assurée, les mâles voient dans certaines espèces leur rôle terminé, ils peuvent disparaître : il en est ainsi chez les saumons et les frelons. En revanche, l'homme tient à vivre longtemps encore une fois passé l'âge de la reproduction, au risque de devenir un fardeau pour l'espèce.

Au cours de la fécondation, chacun des gamètes fait l'apport de la moitié de ses gènes. L'œuf retrouve dans la fusion des gamètes l'assortiment complet de chromosomes propre à l'espèce. La « réduction chromatique », subie par les gamètes lors de leur formation, avait au préalable coupé en deux le jeu de chaque partenaire. La fécondation mélange un demi-jeu paternel et un demi-jeu maternel. Le produit hybride qui en résulte est une « donne » entièrement nouvelle.

Lorsque l'on réfléchit au concours de circonstances qui préside à toute conception, on demeure rêveur. Sans même analyser ici les circonstances le plus souvent fortuites qui amènent les progéniteurs à se rencontrer et à s'unir, les chances pour qu'un spermatozoïde donné se fonde dans un ovule donné sont infimes. Songeons que parmi plusieurs centaines de milliers d'ovules présents chez une petite fille à sa naissance, seuls quatre cents ovules environ viendront à maturation au cours d'une vie de femme et seront émis au cours des cycles menstruels (un à chaque cycle). Du côté des spermatozoïdes, un seul parmi deux à trois cent millions émis au cours d'une seule éjaculation, réussira à pénétrer l'ovule. En d'autres termes, le nombre de combinaisons potentielles pour chaque couple fécond dépasse largement le nombre des habitants de la Terre. Ceci peut encore s'exprimer comme suit : si toutes les fécondations ayant abouti à une naissance au milieu de ce siècle s'étaient produites avec un mois de décalage, la planète serait peuplée par cinq milliards d'individus différents... Autrement dit, la chance qu'avait chacun de nous d'exister sous sa forme actuelle était au départ tout à fait négligeable. Soulignons enfin la totale irresponsabilité des individus qui ne peuvent que transmettre à l'aveugle des caractères dont ils ont hérité sans les avoir choisis. Même si des parents décident d'avoir un enfant au moment de leur choix, la combinaison chromosomique qui s'opère parmi des millions de possibles se fait à leur insu. Nul n'a jamais été voulu à l'avance tel qu'il est né.

Il n'y a pas tellement longtemps que de grands esprits, comme Malebranche, Malpighi, ou Leibniz, imaginaient que l'œuf contenait une miniature d'adulte, qui n'avait plus qu'à grandir. Le développement d'un organisme à partir d'une cellule unique demeure miraculeux, même pour un biologiste moderne. Il est prodigieux que toutes les instructions nécessaires pour la croissance et la différenciation des organes, étalées sur des semaines, des mois, ou des années, puissent être au départ incluses dans l'œuf, c'est-à-dire dans le génome de la cellule initiale! Que ce processus puisse se dérouler sans défaillance à travers des milliards de divisions, avec si peu d'anomalies, est admirable! Au cours de la croissance, certains gènes vont s'allumer, d'autres seront mis en veilleuse. Des gènes-chefs d'orchestre doivent sans doute coordonner l'ensemble, mais dans ce domaine tout reste à découvrir *(App. 45)*.

Les « commutations » d'activité génique sont particulièrement frappantes chez les insectes qui subissent des métamorphoses, les faisant passer (par exemple) d'un stade aquatique à un stade aérien. La différence entre la larve et l'insecte « parfait » est telle, que l'on pourrait croire à deux espèces différentes.

La cicatrisation d'une plaie, la consolidation d'un os fracturé, supposent le réveil de gènes de croissance œuvrant de façon localisée et à bon escient. Le développement d'une tumeur maligne témoigne de l'activation anarchique de gènes de croissance normalement réprimés ou contrôlés.

La prolifération cancéreuse peut d'ailleurs s'accompagner de la résurgence de protéines embryonnaires.

L'évolution de l'embryon récapitule l'évolution de la classe à laquelle l'espèce appartient. Il y a déjà longtemps, Haeckel avait ainsi résumé cette constatation troublante : « L'ontogenèse résume la phylogenèse. » On retrouve, en effet, le même schéma de base chez tous les vertébrés, oiseaux, poissons ou hommes : squelette formé du rachis, de quatre membres ou nageoires, d'une ceinture scapulaire et d'une ceinture pelvienne. De même, l'encéphale est toujours formé de cinq renflements du tube neural.

En quelques jours, le têtard brûle les étapes : il récapitule des centaines de millions d'années d'évolution, passant de la vie aquatique avec des branchies à la vie aérienne avec des poumons. L'embryon humain parcourt plus lentement le même itinéraire : plongé dans le liquide amniotique, la circulation placentaire lui permet de faire l'économie de branchies. Il a toutefois des sillons qui sont des amorces de fentes branchiales. Un embryon humain de quelques jours se distingue à peine d'un embryon de poulet ou de reptile. Tous les embryons de mammifères se ressemblent étrangement : ce n'est qu'au bout de quelques semaines que le fœtus humain se distingue par le développement du crâne et celui des membres supérieurs (en particulier des mains).

Des mammifères, aussi différents en apparence que la souris et la baleine, possèdent des gènes de structure extrêmement proches. Les gènes de développement embryonnaires sont donc responsables de l'énorme différence morphologique. Un médicament, un virus, peuvent avoir pendant l'embryogenèse de redoutables effets sur le développement et causer de graves malformations.

En définitive, l'embryogenèse est un stade de grandes potentialités. Aussi, l'idée que l'évolution des espèces a pu se produire à cette étape n'a pas manqué d'être suggérée par divers auteurs (Bolk, Koestler). Encore faudrait-il, pour que ces modifications puissent être transmises à la descendance, que les innovations survenant chez l'embryon intéressent les cellules germinales et atteignent simultanément plusieurs embryons, ce qui est très improbable.

***

Le Vivant n'est pas seulement caractérisé par ses capacités de reproduction et de croissance, mais aussi par ses facultés remarquables d'adaptation. La sélection naturelle, sur laquelle je reviendrai, n'agit pas de façon purement passive. Tout organisme possède des capacités d'information et de mise en mémoire. Même les unicellulaires les plus primitifs, ont de très nombreux récepteurs de membranes les informant sur leur environnement. Chez les multicellulaires, le système nerveux s'est spécialisé dans le recueil des informations périphériques.

L'encéphale ne possède pas le monopole de la mémoire. Le système immunologique, spécialisé dans la défense de l'organisme contre l'envahisseur, possède lui aussi une mémoire très sélective, capable de distinguer le soi du non-soi et de reconnaître des substances étrangères déjà rencontrées.

La capacité d'identifier le semblable ou le complémentaire est tout aussi importante. Elle se retrouve au niveau moléculaire : affinité d'une enzyme pour son substrat ; de l'ARN pour l'ADN. Une « sonde génomique » a la capacité de reconnaître parmi d'innombrables fragments d'ADN le segment qui lui est complémentaire. Cette propriété est exploitée pour le diagnostic prénatal de nombreuses affections congénitales.

L'expérience individuelle n'est toutefois pas transmissible. L'acquis immunitaire d'un individu disparaît avec lui et l'acquis culturel ne dispense pas chaque nouveau-né de repartir à zéro. « Toute la suite des hommes pendant le cours de tant de siècles, écrit Pascal, doit être considérée comme un même homme qui subsiste toujours et qui apprend continuellement. » Ces capacités d'apprentissage supposent des structures innées préadaptées (sans vouloir alimenter ici la vaine querelle de l'inné et de l'acquis dans le développement de l'intelligence).

Même dans les espèces où l'inné prédomine, il y a place pour un certain apprentissage : des oiseaux chanteurs, isolés dès leur naissance, sont le plus souvent incapables de chanter; mais si on leur fait entendre un enregistrement du chant de leur espèce, ils se mettront à chanter. On sait aussi qu'un animal sauvage, élevé en captivité, est incapable de survivre si on lui rend la liberté : c'est donc qu'il apprend par imitation au contact de ses congénères plus âgés.

Chez l'homme, où l'instinct tient une place effacée, subsistent quelques fortes pulsions instinctives : têter à la naissance, fuir les serpents, attirance vers l'autre sexe... et surtout l'instinct de conservation, commun à tous les êtres vivants.

Les comportements innés sont propres à chaque espèce, ils se retrouvent chez tous ses membres avec une spécialisation selon le sexe. Ils ne requièrent aucun apprentissage : c'est sans modèle, ni tâtonnements, que l'oiseau construit son nid, ou l'araignée sa toile, l'information nécessaire est inscrite dans les gènes *(App. 47)*.

* * *

J'ai amplement souligné la diversité du Vivant, illustrée par la multiplicité des espèces, l'ancien coexistant avec le nouveau. L'unité du Vivant n'en est que plus remarquable.

Les atomes qui constituent l'animé sont les mêmes que ceux de l'inanimé. Un continuel échange s'opère entre le Vivant et son entourage inerte. Les acides aminés sont les mêmes dans toutes les espèces, ainsi que le code génétique. Une chaîne alimentaire relie entre elles la plupart des espèces.

Tout ce qui est biodégradable est recyclé. La microflore et la microfaune contenues dans le sol forment l'humus. La forêt amazonienne se nourrit d'elle-même, en un cycle court. Les cadavres nourrissent le vif, qu'il s'agisse de macrocharognards bien connus, hyènes, vautours... ou de microcharognards plus discrets qui œuvrent dans l'obscurité de la terre ou des caveaux.

Certaines espèces tuent leurs victimes non pour les manger, mais pour ménager à leur descendance une réserve alimentaire. Ainsi la larve de cicindèle, beau coléoptère en livrée verte, est victime d'une petite guêpe sans ailes qui la paralyse avec son venin et pond sur sa victime un œuf. La larve de guêpe se nourrira de cette chair fraîche. Toutefois, par un juste retour des choses, la cicindèle adulte, protégée du venin par sa carapace, mange la guêpe adulte.

Vivre en même temps ne consiste pas toujours à s'entre-détruire. Certaines espèces s'associent. Les exemples d'associations bénéfiques pour les deux parties sont innombrables, allant de la collaboration entre fleurs et insectes, aux bactéries intestinales qui, chez les animaux supérieurs, aident à la digestion. Quelques exemples de semblables « symbioses » sont rappelées en appendice *(48).*

Lorsque l'association se fait au détriment d'une des parties, on parle de parasitoses, qui constituent un des grands fléaux du Tiers Monde *(App. 49).* Notons au passage la remarquable adaptation des parasites à leur habitat, c'est ainsi que leurs organes inutiles s'atrophient.

Tout concourt donc au constant brassage de la « biomasse ». A quoi bon, pensera-t-on, cette autophagie du Vivant? Ce mélange de concurrence et de coopération? Cette imbrication des espèces qui s'entre-dévorent, s'entraident ou se neutralisent?

Que la mort des uns puisse être nécessaire à la vie des autres peut sembler une inconséquence et un gaspillage insensé. La Nature est prodigue, elle ne se soucie pas des pertes; seule compte la résultante, dès lors que le bilan global est positif et que l'ensemble prospère, occupant toutes les « niches écologiques » disponibles.

On voit mal, dans ce contexte, pourquoi seule notre espèce bénéficierait de la résurrection de la chair, se soustrayant ainsi au recyclage généralisé!

Résumons-nous : l'éclosion de la Vie sur notre planète demeure un mystère. La structure et le fonctionnement du Vivant sont de mieux en mieux connus, mais ils ne permettent pas d'élucider sa raison d'être. Reste l'Évolution du Vivant. Examinons-la en espérant y trouver quelque indication sur le « sens » de la Vie.

V

L'ÉVOLUTION DU VIVANT

Nul ne doutait de la fixité des espèces. Elles paraissaient immuables comme les constellations de la voûte étoilée. On ne commença à se poser des questions que vers la Renaissance : comment expliquer, par exemple, ces coquilles trouvées dans la craie loin à l'intérieur des terres? Certains, dont Léonard de Vinci, Fracastor, Jérôme Cardan, Peter Sörensen... supposèrent que ces terres à coquilles avaient pu se trouver autrefois au fond des mers.

Le plus attentif fut Bernard Palissy. Le créateur de la céramique en France examinait attentivement les terres qu'il rapportait, il identifia pour la première fois des oursins pétrifiés, grâce à la marque laissée par les implantations des piquants.

La grande préoccupation des naturalistes demeurait cependant la classification des espèces. Le Suédois Linné étiquetait en latin 4 000 espèces, utilisant la double identification du genre en majuscule et de l'espèce en minuscule, nomenclature demeurée de nos jours en usage. Elle fut poursuivie en France par Cuvier, fixiste convaincu, respectueux de la Genèse.

Dans la première moitié du XVIIIe siècle, Maupertuis est le premier à considérer ouvertement l'évolution du Vivant. Il considère non seulement que la vie a évolué, mais encore, précise-t-il, dans un « rapport de convenance avec le milieu ». Buffon dans son *Histoire naturelle* prend conscience de l'évolution, mais il en traite avec une prudente réserve se bornant à noter que les espèces se sont adaptées aux « circonstances ».

C'est à Lamarck que revient le mérite d'avoir édifié la première théorie « transformiste » de l'évolution. Jean-Baptiste de Monet, chevalier de Lamarck, souligne la complexité croissante des êtres vivants et leur adaptation au milieu. Dans sa leçon inaugurale, prononcée en 1800 au Muséum d'Histoire naturelle, il soutient que la fonction crée l'organe et que le non-usage d'un organe entraîne son atrophie. Ces transformations s'accentuent de génération en génération par transmission des caractères acquis.

C'est malheureusement ce dernier point que le monde scientifique a surtout retenu en défaveur de la théorie de Lamarck. Des naturalistes ont cru bon de couper la queue à des générations de souriceaux pour explorer si leur descendance aurait toujours une queue. Expérience parfaitement inutile, ainsi que le fait remarquer l'anatomiste Rouvière, puisque les petits Sémites naissent toujours avec un prépuce, alors que la circoncision rituelle est pratiquée depuis trois mille ans.

On a moins tenu rigueur à Lamarck d'avoir cru, comme tous les prédécesseurs de Pasteur, à la « génération spontanée » et d'avoir imaginé à la suite de Lucrèce un cycle où les espèces les plus simples naissaient de la terre, se transformant en espèces supérieures qui retournaient à la terre.

Geoffroy Saint-Hilaire, pionnier de l'embryologie, est le premier à suggérer une filiation des espèces. Il l'énonce clairement : « Les formes diverses sous lesquelles la nature s'est plu à faire exister les espèces dérivent toutes les unes des autres, descendues par une filiation non interrompue. » A propos du passage des « animaux ovipares inférieurs aux oiseaux », il postule des espèces perdues, ou maillons manquants, concept qui sera repris par Darwin.

Ces théories de l'évolution des espèces, bien que très révolutionnaires pour l'époque, demeuraient confinées à un cercle étroit de « naturalistes », aussi ne suscitèrent-elles pas l'émotion que devait provoquer trente-six ans plus tard la publication de l'ouvrage de Darwin.

Erasmus Darwin, grand-père de Charles, était déjà une forte personnalité : médecin, chimiste, ami de Lavoisier, il écrivit *The Temple of Nature*, où il évoquait les débuts de la vie dans les océans et son évolution. Il mettait l'accent sur la sélection naturelle des mâles les plus vigoureux, qui transmettaient leur qualité à leur descendance. Son influence sur son petit-fils fut indirecte, par ses écrits ou par ses gènes, car il mourut sept ans avant la naissance de Charles. Ce dernier naquit en 1809, année où Lamarck publiait sa *Philosophie zoologique.*

L'embarquement du jeune Charles sur le « Beagle » à l'âge de vingt-deux ans sera décisif pour sa formation et sa vocation de naturaliste. Il navigue pendant cinq ans et ses observations dans l'Archipel des Galapagos constituent le fondement de ses premières observations et réflexions *(App. 50).*

Darwin, avec la modestie et la probité des grands savants, devait attendre vingt-trois ans après son retour avant de publier le résultat de ses observations. Il avait tant à vérifier en Angleterre, au sujet de l'élevage et de la sélection des plants. S'il patientait, ce n'était pas seulement parce qu'il voulait accroître les évidences en faveur de sa thèse, mais sans doute aussi parce qu'il retardait le moment de heurter l'opinion publique, ainsi que celle de son épouse, personne extrêmement pieuse. Peut-être aurait-il attendu plus longtemps encore, si ses collègues de la « Royal Society » ne l'avaient poussé à présenter ses travaux. Le temps pressait s'il ne voulait pas perdre la priorité de sa théorie sur la « Sélection naturelle ». Ce qui le décida fut l'annonce d'une communication par Alfred Russell Wallace sur l'évolution des espèces.

En fait, Darwin avait rédigé dès 1844 un manuscrit de

231 pages. Une note, destinée à sa femme, indiquait : « Je viens de terminer mon esquisse de *L'origine des espèces.* J'écris ceci pour le cas où je viendrais à mourir subitement. Comme ma dernière et plus solennelle prière, et je suis certain que vous y prêterez autant d'attention que si elle était inscrite dans mon testament, je vous demande de consacrer 400 livres à la publication de cette esquisse... »

Cent vingt-cinq ans après leur parution, rien n'apparaît périmé ni désuet dans les considérations publiées. La perspicacité de Darwin est d'avoir su détecter des différences individuelles (ce qu'on appelle aujourd'hui le « polymorphisme génétique ») sous l'apparente uniformité de chaque espèce, en ne disposant que de caractères morphologiques.

« Comme il naît, écrit-il dans son introduction, beaucoup plus d'individus de chaque espèce qu'il ne peut en survivre; comme en conséquence la lutte pour l'existence se renouvelle à chaque instant, il s'ensuit que tout être qui diffère quelque peu de façon qui lui est profitable a une plus grande chance de survivre. Cet être est donc l'objet d'une sélection naturelle. En vertu du principe si puissant de l'hérédité, toute variété, objet de la sélection, tendra à propager sa nouvelle forme modifiée. »

Partant des procédés utilisés par les éleveurs pour sélectionner des particularités utiles, il observe que les générations peuvent transmettre le semblable, mais aussi le différent; en effet par les croisements de chiens, ou de pigeons, il est possible d'obtenir des races de plus en plus éloignées, mais aussi de revenir à un type ancestral, dont dérivent toutes les races interfécondes de la même espèce. Il souligne que seules les différences individuelles transmissibles à travers les générations sont à prendre en considération. Il est remarquable d'avoir pu ainsi traiter de l'hérédité sans aucune connaissance des gènes.

Il observe également que, consciemment ou instinctivement, les éleveurs sélectionnent comme géniteurs les animaux les plus robustes. De même pour les cultures, on sélectionne les plants les plus vigoureux, indépendamment des caractéristiques visées. Ce tri poursuivi par des générations d'hommes, parmi des générations de végétaux et d'animaux, s'est avéré d'autant plus efficace que la collection d'individus était plus grande, offrant une gamme plus étendue de variations individuelles. Mais, observe Darwin, dès que l'effort de sélection artificielle se relâche, la sélection naturelle reprend ses droits : c'est ainsi qu'un jardin abandonné revient très vite à l'état sauvage, ce qui indique que « rien n'est définitivement fixé dans la nature ».

Darwin constate qu'à l'état sauvage comme à l'état domestique, les différences individuelles sont : « constantes, légères et nombreuses », et de plus transmissibles. Il observe que les espèces les plus communes sont les plus susceptibles de varier, car elles comprennent le plus grand nombre d'individus et elles sont dispersées sur de vastes territoires, offrant une plus grande variété d'habitats (on dirait aujourd'hui de niches écologiques).

Il introduit la notion essentielle de « co-adaptation des espèces ». « Nous constatons, dit Darwin, un équilibre des espèces, en oubliant qu'il s'agit d'un ajustement dynamique dans la suite des temps, le résultat d'une concurrence entre la faune et la flore, entre espèces végétales et entre espèces animales. Ainsi les chèvres et les arbustes ne peuvent coexister sur une île. Un équilibre s'instaure entre les chats et les mulots, qui eux-mêmes interviennent indirectement sur la fertilisation du trèfle rouge, en détruisant les nids de " bourdons ". C'est ainsi qu'un rapport invisible existe entre les chats et le trèfle rouge, même si les chats n'en mangent pas. »

Il précise : la sélection naturelle retient les plus aptes et élimine les plus faibles, mais elle ne crée pas les variations, elle les exploite. Cette sélection n'est pas préméditée, comme dans l'élevage. Elle n'implique pas un projet, elle résulte d'une conséquence. Il ne s'agit pas d'une concurrence délibérée, mais de fait. Ainsi lorsque des plantes sont amenées à rechercher des éléments nutritifs, de l'eau et de la lumière, l'emportent les mieux adaptées, les plus vigoureuses qui croissent le plus rapidement. Alors que l'homme sélectionne pour son usage des espèces domestiques, selon des critères qui ne coïncident pas nécessairement avec l'intérêt desdites espèces, la sélection naturelle joue uniquement dans le sens de l'intérêt de l'espèce. Lorsqu'une espèce s'éteint, ceci résulte plutôt du succès des espèces concurrentes que d'une variation défavorable.

Il reprend à son compte un élément de sélection reconnu par son grand-père Érasmus : les mâles les plus vigoureux et les plus courageux ont le plus de chances d'avoir une descendance. Ainsi la sélection naturelle accumule-t-elle au cours des millénaires des particularités individuelles favorables. Si tous les individus d'une espèce avaient été identiques, ils n'auraient pas évolué.

« La sélection naturelle, écrit Darwin, agit d'ordinaire avec une extrême lenteur. » Il est remarquable qu'il ait eu l'intuition qu'il fallait compter en millions d'années. Les géologues de son époque considéraient que la consolidation de la croûte terrestre remontait à 100 ou 200, au maximum 400 millions d'années. Nous savons aujourd'hui que ce dernier chiffre doit être multiplié par dix. « Je considère, écrit-il, les archives géologiques, selon la métaphore de Lyell, comme une histoire du globe incomplètement conservée, écrite dans un dialecte toujours changeant et dont nous ne possédons que le dernier volume traitant de deux ou trois pages seulement. Quelques fragments de chapitre de ce volume et quelques lignes éparses sont parvenus jusqu'à nous. Chaque mot de ce langage changeant lentement, différemment selon les chapitres successifs, peut représenter les formes qui ont vécu, qui sont ensevelies dans les formations successives et qui nous paraissent à tort avoir été brusquement introduites. »

Le scrupule, chez Darwin, de ne rien avancer qui ne soit certain et de distinguer les faits des hypothèses, est constant. Ainsi, il est conscient de la rareté des formes de transition entre espèces. Il présume que cette indigence est due à la rareté des collections naturelles fossiles qui ont été gardées de façon très irrégulières par la nature et à de très longs intervalles. Il écrit : « On peut se fier complètement aux preuves paléontologiques positives, mais les preuves négatives n'ont aucune valeur. »

La compétition plus forte entre les nouveaux venus et les prédécesseurs immédiats contribue à la disparition des chaînons manquants. La disparition des formes intermédiaires (il prend pour exemple le perfectionnement de l'œil) donne l'illusion de changements brutaux hautement improbables. Cette illusion provient de la simultanéité de la transmission qui se fait en bloc d'une génération à la suivante, faisant oublier les modifications partielles qui ont pu se produire sur des millions de générations.

La théorie de la sélection naturelle n'exige pas que toutes les espèces aient dû évoluer pour survivre, il suffit à certaines de subsister inchangées dans un espace pauvre en concurrents : « Si l'organisation des foraminifères, écrit Darwin, n'a pas progressé depuis l'époque laurentienne, c'est que certains organismes demeurent parfaitement adaptés à des conditions de vie très simples. » Les périodes de bouleversements géologiques et climatiques ont dû jouer un rôle essentiel dans la disparition de certaines espèces et dans l'apparition d'espèces adaptées aux conditions nouvelles. Cependant, note Darwin, « les périodes de variations, quoique longues, ont dû être courtes comparées à celles pendant lesquelles chaque espèce est restée sans modifications ».

En ce qui concerne le problème fondamental de l'innovation, Darwin se tient dans une prudente réserve. Il n'écarte pas une certaine influence de la fonction sur l'organe, ni du non-usage pouvant aboutir à l'atrophie de l'organe. Il n'interprète pas cette conception lamarckienne, se bornant à constater l'atrophie de la vision des espèces vivant dans les cavernes, ou chez la taupe. D'ailleurs il observe que les organes inutilisés ne disparaissent pas toujours, puisque les poules et les autruches conservent des ailes depuis quelques millions d'années. S'il estime quelque peu naïf de soutenir comme Lamarck que le cou de la girafe s'est allongé pour brouter les feuilles des hauts arbres, il considère toutefois que dans cette espèce les individus les plus grands ont pu être sélectionnés au long des générations, dans la mesure où ne pouvaient subsister, en cas de disette, que ceux qui pouvaient atteindre les feuilles haut situées. Il note que cet avantage pour un pays de savane ne s'est pas étendu aux pays de forêt où il aurait constitué un handicap. Ainsi, un avantage n'est valable qu'à un moment donné et dans un environnement donné.

Darwin trouve dans les comportements instinctifs une illustration de la sélection naturelle. Les comportements innés se sont transmis dans la mesure où ils se sont révélés bénéfiques pour l'espèce. C'est la somme des comportements utiles, triés au cours de millions d'années, qui a permis à l'espèce de subsister.

Darwin consacre quelques chapitres à la répartition géographique des espèces. Les îles favorisent la fixation des espèces du fait de leur isolement, tandis que les continents facilitent leur évolution dans des conditions climatiques très diverses *(App. 51)*.

« Je serais disposé à croire (écrit Darwin) que tous les animaux et toutes les plantes descendent d'un prototype unique. » L'hypothèse était hardie à cette époque où l'on ne pouvait soupçonner l'universalité du code génétique. Les parentés étaient déguisées, comme dans la race canine extrêmement polymorphe. Ce qui frappait, c'était les dissemblances. Elles étaient observables à l'intérieur même des espèces, entre les sexes, et surtout entre formes larvaires et adultes des insectes (métamorphoses).

Darwin considérait que ce qui était énoncé pour les espèces animales était applicable à l'espèce humaine. N'étions-nous pas construits sur le même modèle que les autres mammifères : le cerveau d'un orang-outan ressemblait plus au nôtre qu'à celui des mammifères inférieurs. Bien avant Pasteur, Darwin notait que « l'homme et les animaux pouvaient souffrir des mêmes maladies : rage, syphilis, variole, morve, choléra... ce qui indiquait une grande similitude des organismes et des moyens de défense ». L'homme possédait des rudiments anatomiques d'espèces inférieures : certains individus avaient des muscles peauciers capables de mobiliser le scalp ou les oreilles, et cette aptitude était familiale. Chez les humains, le nerf huméral ne contournait qu'exceptionnellement le condyle à la partie inférieure et externe de l'humérus, mais cette disposition anatomique habituelle chez la plupart des singes, s'observait chez un quart des squelettes trouvés dans certaines sépultures préhistoriques. Enfin des rudiments de mamelons multiples pouvaient se rencontrer dans le genre humain. Bref, rien d'essentiel ne nous séparait des autres mammifères. Notre cerveau possédait la même structure de base, seul variait le développement du cortex.

En définitive, *L'Origine des espèces* apporte un faisceau d'arguments en faveur de la sélection naturelle. Darwin est cependant conscient qu'il sera « plus difficile de croire à un perfectionnement des organismes par l'accumulation de nombreuses et légères variations avantageuses, plutôt que par des moyens supérieurs ». Il ne prétend d'ailleurs pas que toutes les variations aient été avantageuses, mais nous ne voyons que ces dernières seules qui ont été retenues par la sélection naturelle.

Naturellement, on ne saurait résumer en quelques pages une œuvre aussi riche et rien ne dispense d'une lecture complète de *L'Origine des espèces.* Cet ouvrage, remarquablement documenté, facilement accessible à tous, suscita des réactions passionnées, aussi bien dans les milieux scientifiques que dans le grand public. Les uns l'encensèrent, les autres s'employèrent à le ridiculiser. L'un de ses opposants lui demanda dans une société savante s'il descendait du singe par son grand-père ou par sa grand-mère. Darwin répondit qu'il préférerait descendre du singe que d'un individu à l'esprit aussi obtus que celui de son interlocuteur...

Le livre, vite épuisé, fut un objet de controverses et de scandale. Les « bien-pensants » étaient offusqués : non seulement l'ouvrage contredisait les Écritures, mais Dieu n'y était même pas mentionné! (Comme chez Laplace, qui répondit à Napoléon Bonaparte qui lui demandait quelle place il faisait à Dieu dans son *Exposition du système du monde :* « Sire, je n'ai pas eu besoin de cette hypothèse. »)

L'Église jugea l'ouvrage hérétique. « Si ce livre est irréligieux, remarque Jean Rostand, il ne l'est pas plus que la nature elle-même. »

En revanche, les eugénistes, les classes dirigeantes, les colonialistes, les racistes s'empressèrent d'adopter la sélection naturelle au profit de leurs thèses.

Darwin déplorait ces réactions extrêmes qu'il avait d'ailleurs prévues. Il se tenait fermement à l'écart des polémiques et de toute implication sociale ou religieuse. Il avait observé le Vivant en toute objectivité, en se gardant de jugements de valeur. Il était hostile à toutes les formes d'idéologie et il réprouvait toute exploitation tendancieuse des données scientifiques.

Il est piquant d'apprendre que *L'Origine des espèces* est parue la même année que *La critique de l'économie politique* de Marx (qui constitue une introduction au *Capital*). Marx adressa d'ailleurs un exemplaire du *Capital* à Darwin; celuici le remercia de façon peu compromettante par une lettre datée du 1er octobre 1873 :

« Cher Monsieur,

Je vous remercie de l'honneur que vous m'avez fait en m'envoyant votre grand ouvrage sur le Capital. Je voudrais sincèrement être digne de le recevoir pour mieux comprendre un sujet aussi profond et important que l'économie politique. Malgré que nos travaux aient été si différents, je crois que tous les deux nous désirons étendre le domaine de la science, ce qui à la longue ne peut que contribuer au bonheur des hommes.

Je suis, cher Monsieur, bien sincèrement vôtre. »

Charles Darwin

Un ecclésiastique contemporain de Darwin désireux de concilier l'Évolution et les Écritures lui écrivit : « Il est licite de penser qu'après tout, croire à la création d'un petit nombre de formes capables de se développer par elles-mêmes, constitue une conception tout aussi élevée de Dieu que de penser que celui-ci ait eu à procéder à de nouvelles créations pour combler les lacunes des premières... »

D'autres ont suggéré depuis que les journées divines de la Genèse pourraient symboliser les grandes époques géologiques. (Toutefois, le repos du septième jour pose problème, car rien n'indique que la création soit achevée.)

Plus près de nous, Teilhard de Chardin, père jésuite et anthropologiste, né un an avant la mort de Darwin, passera sa vie à tenter de concilier l'Évolution et la Religion. Une grande partie de son existence s'est déroulée en Chine, où il participa aux fouilles concernant *L'Homme de Pékin*. Teilhard se représente le Vivant en marche, porté en avant et « tiré vers le haut par le Christ ». Il discerne un processus en gestation, une « Sainte Évolution » qui s'accomplit à travers l'hominisation grâce au « Christ Universel ». Pendant la première guerre mondiale, en 1916, alors qu'il était caporal-brancardier et ordonné prêtre depuis quatre ans, il écrit *La Vie cosmique,* où il précise sa pensée : « Le Christ mystique n'a pas atteint sa pleine croissance, ni donc le Christ cosmique. L'un et l'autre, tout à la fois, ils sont et ils deviennent... »

Le Père Teilhard meurt subitement à New York le soir de Pâques 1955. Le jeudi saint, il avait justement résumé sa foi, sous le titre « Ce que je crois », en quelques lignes : « l'Univers est centré évolutivement en haut et en avant. Le Christ en est le centre. Noogénèse (naissance de la conscience et de l'esprit) = Christogénèse = Paul... »

Il voulait ainsi élargir la conception de saint Paul : « L'Église-Corps du Christ. » L'Évolution de la Terre et de l'Univers passait par le Christ, à travers le Christ. Cette conception plus mystique que scientifique ou théologique, n'a emporté ni l'assentiment des scientifiques, ni celui des Jésuites qui lui avaient retiré dès 1925 son enseignement à l'Institut catholique.

***

Les caractères morphologiques séparent les vertébrés beaucoup plus qu'ils ne les rapprochent. Quelle différence d'aspect parmi les mammifères entre une souris et un éléphant! Et pourtant que de similitudes biologiques!

La biologie moléculaire permet, aujourd'hui, d'aller au-delà des apparences et d'analyser en profondeur les différences ou les similitudes entre espèces (ou entre individus de la même espèce). L'étude de la structure des protéines, et celle des gènes qui les codent, permettent de quantifier ces différences et d'en apprécier l'évolution.

Il y a seulement quarante ans, on ne connaissait des protéines que leur taille et leurs propriétés fonctionnelles. Elles semblaient très proches chez les mammifères étudiés : mêmes enzymes digestives, mêmes facteurs de coagulation. L'albumine et les globulines étaient difficilement distinguables... *(App. 52)*. Bref, si la morphologie était diversifiante, la biologie moléculaire apparaissait unifiante.

Cependant on découvrit bientôt des méthodes capables de révéler des différences entre protéines provenant de diverses espèces et même d'individus de la même espèce. Ce fut le début d'une science nouvelle, l'immunologie, promise à un fantastique développement, en particulier dans le domaine des groupes sanguins et tissulaires *(App. 53)*.

L'étude de la structure de l'hémoglobine à travers les espèces se révéla particulièrement instructive : la chaîne bêta de la globine se montre strictement identique chez le chimpanzé et chez l'homme; elle ne diffère que par 1 acide aminé sur 146 chez le gorille; par 8 chez le singe Rhésus plus archaïque, et par 27 chez le cheval.

Un seul acide aminé sur 51 différencie l'insuline de bœuf (ou de porc) de l'insuline humaine.

La « calcitonine », protéine intervenant dans la fixation du calcium, ne diffère chez le porc et chez l'homme que par 2 acides aminés sur 32. (Du fait de l'environnement calcique différent, on trouve moins d'homologie entre les calcitonines de saumon et d'anguille, qu'entre les calcitonines d'anguille et de mammifères.)

Ainsi, a-t-on pu mesurer des « distances biologiques » entre espèces appartenant à une même classe. On constate que l'homologie décroît avec l'ancienneté de la divergence et que ce sont les parties de la molécule non indispensables à la fonction qui sont les plus variables *(App. 54)*.

Certaines protéines ont très peu varié au cours de l'Évolution du Vivant, telle l'histone IV, intimement liée à l'ADN au niveau du noyau. Cette protéine est formée de 102 acides aminés chez le bœuf, la séquence ne diffère de celle du pois de senteur que par 2 acides aminés! Ceci constitue une remarquable conservation, si l'on songe que la séparation entre les règnes végétal et animal remonte à plus d'un milliard et demi d'années...

A partir des modifications évolutives de la structure de quelques protéines, M. Goodman a calculé la vitesse de variation à travers diverses espèces dont l'âge de divergence est connu. Cette vitesse est constante pour une protéine donnée, elle permet de parler d'« horloge biologique moléculaire ». Chaque molécule paraît avoir sa propre horloge : les fibrinopeptides ont évolué deux fois plus vite que l'hémoglobine, laquelle a varié elle-même plus rapidement que le cytochrome C (pigment respiratoire très répandu), et que les histones qui apparaissent championnes du conservatisme. Lorsqu'on calcule le taux moyen de mutations ponctuelles sur une dizaine de protéines parmi une vingtaine d'espèces, on trouve environ quatre substitutions pour mille acides aminés par million d'années.

***

Le polymorphisme des protéines que nous venons d'évoquer ne fait qu'exprimer un polymorphisme des gènes.

Étant donné que chez les organismes supérieurs, seulement une fraction de l'ADN s'exprime, on conçoit que les variations des acides nucléiques soient plus nombreuses que celles intéressant les protéines, ces dernières ne représentant que la partie émergée de l'iceberg.

On est aujourd'hui en mesure d'extraire l'ADN des cellules, de le découper en fragments à l'aide d'enzymes et d'établir la structure des séquences ainsi obtenues, à l'aide de « séquenceurs automatiques ». Il est devenu plus rapide et moins laborieux de séquencer une chaîne d'ADN qu'une chaîne de protéines. Néanmoins, on ne peut songer à séquencer tous les gènes pour dépister un polymorphisme intra-espèce ou inter-espèces. Il est en pratique plus avantageux de procéder de façon indirecte à l'aide de « sondes d'ADN complémentaire » (marquées par du radiophosphore) capables de se combiner avec des segments précis de gènes *(App. 55)*.

Le polymorphisme de l'ADN, au niveau de quelques gènes ou familles de gènes, peut être apprécié en comparant le pourcentage d'hybridation obtenu avec des sondes à l'intérieur d'une espèce ou bien entre les espèces. Cette comparaison permet de renseigner (plus finement que le polymorphisme des protéines) sur la « distance génétique » et la filiation des espèces.

L'ADN des humains a été ainsi comparé avec celui des grands singes anthropoïdes. On a observé 98,9 % d'hybridation, donc d'homologie, entre homme, chimpanzé et gorille. 97,6 % d'hybridation entre l'homme et l'orang-outan *(App. 56)*. Somme toute, les différences génétiques entre nos cousins et nous apparaissent bien minces, et l'expérimentation sur le singe ne s'éloigne guère de l'expérimentation humaine...

Une mutation exprimée au niveau d'une protéine (substitution d'un acide aminé à un autre) reflète nécessairement une variation au niveau d'un codon.

Une telle mutation peut apparaître soudainement dans une lignée. Elle peut frapper par exemple une protéine indispensable à la coagulation du sang. C'est ainsi que chez l'homme (mais aussi chez le chien) on peut assister à l'apparition d'une hémophilie « de novo », touchant une famille jusque-là indemne de toute tendance hémorragique.

Notons, à ce sujet, que le hasard seul ne suffit pas à expliquer qu'une mutation se répète régulièrement depuis des millénaires au niveau d'un gène de très grande taille. Ce dernier doit comporter un ou plusieurs sites, particulièrement vulnérables, exposés aux mutations.

L'étude systématique de l'ADN a révélé que les mutations « muettes » (frappant les gènes sans modifier les propriétés des protéines qu'ils codent) étaient plus fréquentes que les mutations ayant des conséquences fonctionnelles. La sélection naturelle qui s'exerce seulement sur ces dernières, élimine en effet les mutations défavorables *(App. 57)*. La fréquence des mutations silencieuses, intéressant les régions non traduites des gènes, ou non fonctionnelles des protéines, reflète le taux de base des mutations évolutives, ce que Kimura appelle « taux intrinsèque de mutations neutres » *(App. 58)*.

Les mutations, qui sont des variations ponctuelles intéressant les codons, sont loin de résumer les principales variations susceptibles de se produire au niveau de l'ADN du noyau. Le fait le plus marquant qui ressort des recherches de ces dix dernières années est que la principale modification du génome observable au cours de l'évolution consiste en un enrichissement global. Cette expansion de l'ADN s'observe aussi bien chez les végétaux (en particulier chez les céréales, très étudiées), que chez les invertébrés, tels les oursins et les insectes, ou que chez les vertébrés : amphibiens, rongeurs, primates...

Une cellule de mammifère possède environ mille fois plus d'acide nucléique qu'une bactérie. Celle-ci en possède, de son côté, environ mille fois plus qu'un virus. Cependant à l'intérieur d'une classe comme celle des vertébrés, il n'y a pas de corrélation entre la richesse en ADN et le degré de différenciation des genres *(App. 59).* C'est ainsi que des amphibiens, comme les salamandres, qui n'ont pas varié depuis au moins 200 millions d'années, ont 15 à 30 fois plus d'ADN par cellule que les humains, mais 99 % de cet ADN n'est pas codant. Cette quantité peut varier du simple au triple entre différentes espèces de salamandres très semblables d'apparence; on observe seulement une corrélation entre la quantité d'ADN, la taille des cellules et le temps de division cellulaire.

L'accroissement d'ADN au cours de l'évolution provient essentiellement de l'accumulation de « séquences répétitives » c'est-à-dire de motifs comptant de quelques dizaines à quelques milliers d'exemplaires (dont la longueur varie de quelques codons à plus de 5 000 codons). Seulement une petite fraction de l'ADN répétitif intéresse des gènes exprimés. Le gros de l'ADN du noyau demeure donc non traduit, sans que l'on sache bien s'il s'agit de séquences inertes, d'une sorte de rebut, ou bien au contraire d'un réservoir potentiel de gènes.

Ces séquences répétitives peuvent être dispersées ou bien s'accumuler préférentiellement dans certaines régions des chromosomes. Certaines sont transposées sur d'autres chromosomes par insertion ou copie. Elles résultent d'« enjambements chromosomiques inégaux » survenant au moment de la méiose (formation des gamètes).

Les conséquences de la formation de séquences répétitives sont variables *(App. 60).* Il est légitime de penser que c'est à la suite de semblable multiplication de gènes, demeurant fonctionnels, que se sont élaborés au cours de l'évolution des « familles de gènes », codant pour des « familles de protéines », telles que des hormones *(App. 61),* des protéases *(App. 62),* ou des antiprotéases *(App. 63).*

Il arrive, par ailleurs, que l'étude systématique des gènes, et leur comparaison par ordinateur, révèle des homologies insoupçonnées entre des protéines ayant des fonctions différentes, suggérant qu'elles possèdent une lointaine origine commune *(App. 64)*.

En comparant des espèces de plus en plus archaïques, le degré d'homologie au sein des familles de gènes apporte des renseignements sur l'ancienneté de la duplication. Ainsi, la divergence entre les gènes respectifs de la chymotrypsine et de la trypsine semble s'être produite par duplication génique il y a 1 500 millions d'années. Celle entre les gènes de la myoglobine et de l'hémoglobine remonte à environ 800 millions d'années *(App. 65)*.

On s'est demandé si certaines variations silencieuses du génome pourraient se révéler ultérieurement profitables. La connaissance des gènes est toutefois trop récente et la durée d'observation d'une vie humaine bien trop brève pour pouvoir encore se faire une opinion *(App. 66)*.

Les variations du génome n'intéressent pas seulement les gènes de structure, elles peuvent aussi affecter des gènes de régulation, ou des gènes codant pour des enzymes de réparation de l'ADN. (C'est à un semblable défaut de réparation de l'ADN que Macfarlane-Burnett a attribué l'apparition de protéines embryonnaires au cours de l'évolution des cancers.)

Les modifications quantitatives de l'ADN ne résultent pas seulement de séquences répétitives. On observe également des transpositions de séquences entre chromosomes à l'intérieur du génome. Il peut s'agir de translocations de proche en proche entre paires voisines de chromosomes, survenant pendant la méiose, mais éventuellement aussi de rétrotranscriptions à partir d'ARN, par analogie avec les insertions de matériel génique d'origine virale *(App. 67)*. Ces « transposons », qui entraînent une propagation intra- et inter-chromosomique, interfèrent avec les lois mendéliennes de l'hérédité. On a ainsi pu observer le « transfert horizontal » d'une même séquence modifiée à l'ensemble d'une famille de gènes codant pour le RNA ribosomal *(App. 68).*

Ces diverses modifications évolutives du génome concernent l'ADN du noyau. N'oublions pas toutefois que nos cellules contiennent une autre variété d'ADN, en dehors du noyau, située au niveau des mitochondries. Cet ADN mitochondrial ne participe pas à la reproduction sexuée, il est d'origine purement maternelle. Il est donc intéressant d'apprendre que cette variété archaïque d'ADN a subi au cours de l'évolution des variations 5 à 10 fois plus nombreuses que l'ADN du noyau *(App. 69).*

Naturellement la question que chacun se pose est de savoir si l'enrichissement et les remaniements du génome que je viens d'évoquer, auxquels il faut ajouter d'éventuelles délétions (autrement dit des pertes de matériel chromosomique), sont la cause de l'évolution du Vivant et de la divergence des espèces, c'est-à-dire de la « spéciation ».

Dans l'espoir de répondre à cette question fondamentale, on a comparé les mêmes séquences répétitives à l'intérieur d'une espèce et entre espèces voisines. On trouve une plus grande homogénéité intra-espèces qu'inter-espèces de certaines séquences répétitives (aussi bien codantes que non codantes), ce qui est en faveur d'une évolution « concertée ».

Tout remaniement de l'ADN chromosomique compatible avec le déroulement normal de la méiose (appariement et disjonction des chromosomes) peut être transmis et soumis au crible de la sélection naturelle. Il y a en effet deux conditions à la fixation d'une variation, ce sont la viabilité (si elle est exprimée) et la transmissibilité qui est, elle, indépendante de l'expression, ce qui explique l'accumulation de séquences muettes.

Un important remaniement chromosomique est non seulement susceptible d'innover, en modifiant la programmation, mais encore d'établir une « barrière de fécondité », en s'opposant au croisement avec les populations non modifiées, soit au niveau moléculaire par obstacle à l'appariement chromosomique des gamètes, soit par altération de la compatibilité sexuelle des organismes adultes.

***

Les variations muettes du génome sont à l'origine d'un polymorphisme inapparent. Il faut des circonstances extérieures nouvelles pour que celui-ci ait l'occasion de se manifester. On en connaît de très nombreux exemples : les bactéries peuvent devenir résistantes à des antibiotiques, y compris à de nouveaux composés de synthèse. Cela suppose que quelques lignées possédaient à l'origine une résistance naturelle (une enzyme capable de dégrader la drogue). Cette capacité innée se transmet verticalement à la descendance, mais aussi horizontalement par des plasmides à d'autres colonies bactériennes (et même à titre exceptionnel à d'autres espèces bactériennes par le truchement de « phages »).

Les insectes peuvent, de même, devenir résistants aux insecticides. Les parasites du paludisme (Plasmodium falciparum) manifestent une résistance croissante au traitement par les « amino-quinoléines ». Les souris ont tendance à devenir résistantes aux raticides à base de warfarine, et j'ai personnellement publié les premiers cas, chez l'homme, de résistance héréditaire à la « coumadine » qui est de la warfarine (utilisée comme traitement anticoagulant des thromboses).

Tous ces exemples illustrent la capacité qu'ont certains sujets, au sein d'une espèce, à révéler dans des conditions nouvelles, souvent adverses, une résistance préalable qui est transmissible. Il ne s'agit donc pas là d'un processus d'innovation, ni d'adaptation, mais de sélection a posteriori, avec émergence d'un gène latent préexistant.

Les pools géniques des espèces contiennent ainsi, en réserve, des gènes potentiellement utiles. Mais le mystère demeurait sur la façon dont ils sont apparus dans le génome au cours de l'évolution. De tout récents travaux viennent d'apporter à ce sujet une lumière nouvelle : Une équipe française (C. Mouchès et N. Pasteur de Montpellier et O. Hyrien de Paris), en collaboration avec l'Université de Californie, a réussi à isoler le gène qui permet au Culex, espèce de moustique la plus répandue, de produire une enzyme (une estérase) susceptible de scinder les molécules d'insecticides. Ils ont fait la remarquable constatation suivante : alors que le gène est présent en un seul exemplaire chez les moustiques sensibles, les moustiques résistants peuvent en posséder jusqu'à 250 exemplaires identiques. Grâce à la teneur très élevée d'enzyme qui en résulte, ils sont capables de détruire la drogue avant qu'elle n'atteigne sa cible dans l'organisme et ils résistent ainsi à des doses d'insecticide cent à mille fois supérieures aux doses mortelles. Il est ainsi démontré dans ce cas précis que le génome est capable de réagir à l'environnement et que l'acquisition d'une résistance transmissible résulte d'une ampliation génique.

On observe, en définitive, une sorte de compromis au sein du Vivant entre unité et diversité, entre deux tendances opposées, l'une stabilisante à court et moyen terme, et l'autre évolutive à long terme (en millions d'années).

Certains ont suggéré que seules comptaient la conservation et l'évolution des gènes. Bergson avait déjà écrit : « La vie va d'un germe à un autre par l'intermédiaire d'un organisme développé. » Cette conception est poussée à l'extrême par Dawkins dans *Le gène égoïste,* où il ravale les organismes au rôle de simples vecteurs éphémères de gènes immortels. Cette idée plaisante est exposée avec brio, mais elle manque de consistance. En effet, les gènes ne sont pas à proprement parler immortels, ce sont leurs copies qui assurent la pérennité des messages à chaque division cellulaire. Par ailleurs, la sélection naturelle ne s'exerce que sur l'émergence des seuls gènes exprimés (sur les phénotypes).

***

Il n'est pas douteux que ce sont les variations de l'ADN qui ont commandé l'évolution, mais le problème fondamental demeure celui de savoir si le hasard seul a présidé à ces variations et à l'enrichissement des gènes au cours de la progression du Vivant.

Le hasard intervient, certes, à tous les niveaux, dans la rencontre des atomes, des molécules, des gamètes... Toutefois, seules certaines combinaisons sont possibles. Si les atomes s'étaient combinés uniquement au hasard, le chaos en aurait résulté. Les particules formant la matière réagissent entre elles en fonction des propriétés que leur confère leur structure. Les combinaisons atomiques ou moléculaires reflètent les affinités des parties en présence. Ces propriétés d'organisation spontanée se comportent comme un anti-hasard, une contre-entropie. La vie se structure au rebours de l'inanimé, au mépris des lois de la thermodynamique, en utilisant l'énergie potentielle des liaisons chimiques des composants organiques. C'est cette capacité qui lui confère sa cohérence intrinsèque.

Que le hasard préside au brassage des gènes, c'est une évidence. Qu'au cours des milliards de reproductions de messages codés se glissent des erreurs typographiques (mutations ponctuelles) ou syntaxiques (remaniements chromosomiques), sans doute. Mais on a peine à croire au progrès par l'erreur, et au hasard créateur. Le hasard est un des paramètres, il n'est ni le maître d'œuvre, ni l'explication. Pour qu'une variation puisse s'établir, il faut d'abord qu'elle soit compatible avec le fonctionnement de la cellule et de l'organisme. Cette cohérence interne est la condition préalable à la viabilité et à la transmissibilité par les cellules germinales. Ce n'est qu'en second lieu que la variation sera soumise à la pression sélective de l'environnement, dans la mesure où elle sera exprimée.

Le taux moyen de mutations de base a été évalué entre

4 et 8, par codon d'ADN et par million d'années. Compte tenu de l'âge du Vivant (estimé à moins de trois milliards d'années), ce taux de mutations ne peut à lui seul rendre compte de l'existence des millions d'espèces et sous-espèces. On a pu calculer qu'il aurait fallu des milliards de mutations « réussies » pour passer de l'amibe à l'homme. Sachant que les mutations favorables sont considérées comme exceptionnelles, et comme une mutation malheureuse peut toujours anéantir le bénéfice d'une mutation heureuse, il aurait fallu depuis l'origine près d'une mutation par an, ce qui est totalement exclu!

Par ailleurs, si l'évolution était due uniquement à des mutations fortuites, on s'attendrait à ce que ce soit les bactéries qui aient le plus évolué puisqu'elles existent depuis deux milliards et demi d'années et qu'elles peuvent se répliquer plusieurs fois par 24 heures, ce qui représente un nombre faramineux de réplications. Elles auraient dû accumuler un record de transformations, or c'est par leur conservatisme qu'elles se distinguent : en dépit des mutations, elles sont demeurées des bactéries. De même la mouche drosophile est demeurée drosophile, nonobstant les innombrables mutations que les généticiens lui ont infligées, sans compter les mutations spontanées qu'elle a connues.

Si le taux de mutations est bien une constante, comme nous venons de le voir, toutes les espèces primitives avaient au départ les mêmes potentialités. On discerne mal pourquoi certaines se seraient différenciées, tandis que d'autres en tout point semblables auraient stagné. Cela supposerait que les espèces conservatrices auraient réussi à éliminer la plupart des mutations, alors que les autres s'en seraient servi pour évoluer...

Rien ne prouve que le génome demeure totalement passif au cours des variations qui l'affectent. La plasticité et l'adaptabilité de l'animé lui confèrent un potentiel de variations face aux contraintes de l'environnement. Le support de l'hérédité ne saurait être réduit à subir passivement des variations considérées comme fortuites, car, ainsi que le souligne Wintrebert, le propre du Vivant, par rapport à l'inanimé, réside dans sa capacité non seulement de subir, mais surtout de réagir.

Sous prétexte qu'on n'observe pas de transmission des caractères acquis, il serait abusif de refuser toute participation active du Vivant face à un environnement changeant ? Aucune forme de vie n'aurait pu se maintenir sans une capacité permanente d'ajustement au milieu, ce qui suppose un va-et-vient d'informations et de réactions adaptées (Lorenz). D'ailleurs, placées dans des conditions identiques de pression sélective, des espèces très éloignées ont réagi de façon souvent convergente.

Pour rendre compte de la co-évolution des espèces cavernicoles, il faudrait supposer des mutations contemporaines et analogues dans des espèces distinctes. Pour l'évolution solidaire des parasites et de leurs hôtes, il faudrait postuler des mutations complémentaires. Le calcul des probabilités indique qu'un tel concours fortuit de mutations a une chance négligeable de se rencontrer, d'autant que nombre d'entre elles supposeraient des « prédéterminations » (des déterminations n'ayant leur raison d'être qu'au futur).

Comme le dit P.P. Grassé : « La complaisance du hasard a ses limites. »

Nul ne met en doute les capacités d'adaptation des cellules somatiques : la musculature se développe à l'effort, l'épaisseur de la fourrure s'adapte à la température extérieure. Le système nerveux et le système immunitaire, doués l'un et l'autre d'une grande plasticité et de capacités de mémorisation, se sont spécialisés dans les réactions adaptatives acquises.

On aimerait saisir comment une adaptation acquise, telle l'acclimatation, parvient de somatique à devenir génétique. Comment une pigmentation, qui se développe chez tous les humains après une exposition prolongée au soleil, est parvenue dans les régions tropicales et intertropicales à s'inscrire dans le génome.

On considère comme un dogme que les cellules germinales, à l'abri de toute influence extérieure dans leur tour d'ivoire, sont incapables d'ajustement. Force est pourtant de postuler des modifications adaptatives, sans lesquelles aucune acquisition de l'espèce ne serait possible : comment expliquer autrement que des comportements innés très complexes (nidification par exemple) aient réussi à s'inscrire dans les gènes de l'espèce? Il est bien difficile d'imaginer que les araignées aient appris à tisser leur toile, ou les vers à soie leur cocon, à la suite de variations fortuites étalées dans le temps! On voit mal comment des variations aléatoires seraient parvenues à se succéder de façon harmonieuse et complémentaire.

L'influence directe de l'environnement sur le génome n'est plus discutée chez les bactéries, où l'ADN est libre dans la cellule et de ce fait très exposé. C'est ainsi que la présence de lactose dans le milieu de culture permet de « déréprimer » * un gène commandant chez le colibacille la synthèse d'une enzyme, la galactosidase, digérant le lactose (J. Monod).

Chez les organismes supérieurs, semblables rétro-actions de l'environnement sur le génome sont plus difficiles à mettre en évidence : nous avons déjà dit qu'à la naissance, une commutation se produisait entre le gène de l'hémoglobine fœtale, soudain réprimé, et celui de l'hémoglobine adulte qui se trouve activé. On pourrait objecter qu'il s'agit là d'une régulation génétique programmée, comme celle présidant à la croissance. Cependant, les gènes mis en sommeil peuvent également être réveillés à l'occasion de circonstances acquises (telles certaines anémies chroniques où l'on voit réapparaître de faibles concentrations d'hémoglobine fœtale). Au cours de la différenciation cellu-

* Autrement dit de réveiller un gène dormant.

laire, la plupart des gènes sont réprimés, à l'exception de ceux impliqués dans la fonction de l'organe auquel la cellule appartient. La « dé-répression » permettant la cicatrisation d'un tissu, ou l'hypertrophie compensatrice d'un organe, est déclenchée par des commandes génétiques, ce qui prouve bien que le génome est capable de répondre à des événements extérieurs. Nous avons vu enfin que les rétrovirus étaient capables d'introduire leur ARN dans les cellules pour y produire, grâce à une « transcriptase inverse », un ADN « complémentaire » qui s'intégrera bel et bien dans l'ADN du noyau. Les messages ne circulent donc pas uniquement dans le sens noyau vers cytoplasme, comme le pensait Monod *.

Rappelons qu'il y a lieu de distinguer deux sortes d'évolution : une « micro-évolution » qui se développe à l'intérieur des espèces et qui peut expliquer leur adaptation, et une « macro-évolution beaucoup plus innovatrice, qui a abouti à la différenciation des embranchements et des classes.

Il est difficile d'attribuer la macro-évolution à de simples mutations ponctuelles (« micro-mutations »). En revanche, nous avons vu qu'au cours de l'évolution la quantité d'ADN par cellule s'était considérablement accrue. Il n'y a pas eu seulement substitutions, mais aussi et surtout des ajouts. Ces « macro-mutations », qu'elles intéressent des gènes de structure, ou de développement embryonnaire, ou bien encore des gènes régulateurs, paraissent les mieux à même d'avoir innové.

Un fossé immense paraît en effet séparer adaptation et innovation. Des siècles de sélection artificielle ont abouti à « fabriquer » de nouvelles races et variétés animales ou végétales, mais n'ont jamais permis de créer la moindre espèce réellement inédite (tout au plus les techniques modernes d'hybridation permettent-elles de produire des

* Nous avons vu (p. 140) que la résistance des moustiques aux insecticides était due à une ampliation génique acquise par le génome.

« chimères » végétales). La sélection est donc plus adaptatrice que créatrice.

Je demeure, pour ma part, persuadé que l'Évolution résulte d'un processus multifactoriel, et que tous les éléments de mobilité du génome que je viens d'évoquer sont susceptibles d'avoir joué un rôle. Il me paraît donc vain d'opposer « néo-darwinisme » et « néo-lamarckisme », et de se laisser enfermer dans des alternatives doctrinales simplistes. Les réalités biologiques ne se soucient pas de notre logique réductionniste. « Tout ce qui est évolutif (écrit Edgar Morin) obéit à un principe polycausal : interactions et rétro-actions s'entre-combinent et s'entre-combattent, tout processus autonome produit sa causalité propre, tout en subissant les déterminations extérieures. » Cette observation s'applique parfaitement à l'Évolution du Vivant.

***

Quoiqu'il en soit, les considérations qui précèdent ne nous indiquent en rien la raison d'être du Vivant.

Rien n'indique que la vie contenait dès l'origine un projet. Et rien, non plus, ne permet de croire que l'Évolution ait pris fin.

Pour Jacques Monod, il n'y avait pas de projet : non seulement rien n'était prévu, mais nos chances d'exister étaient infinitésimales. Nous sommes enfants du « hasard et de la nécessité », et la nécessité aurait pu aboutir à tout autre résultat. L'avenir n'est donc pas prévisible : si la vie venait à disparaître sur Terre pour recommencer, elle évoluerait autrement.

Pas de projet non plus, pour François Jacob, mais seulement l'exploitation des possibles : la nature improvise et « bricole » avec ce dont elle dispose.

Alors, un dessein divin?

Mais lequel? Nous ne distinguons pas un projet, mais

des millions de projets, qui se chevauchent, comme si on avait laissé au Vivant la bride sur le cou. Pourquoi avoir conservé le primitif à côté du moderne, le simple à côté du complexe? Les tâtonnements et les échecs se concilient mal avec l'idée que l'on peut se faire du Tout-Puissant.

On cherche en vain un critère, une motivation particulière à la marche du Vivant. On ne voit pas quelle qualité fait prime : ce n'est pas l'intelligence, elle est à double tranchant. Ce n'est pas le rendement, ni la performance, ni l'autonomie, ni la résistance : d'innombrables espèces ont parfaitement traversé les temps dans l'effacement et l'obscurité. La sélection n'a pas éliminé les espèces « inférieures ». Il y a place pour quiconque parvient à se maintenir.

Le Vivant a tablé sur le polymorphisme et la fécondité, comme si de croître et multiplier était une fin en soi. Seul paraît compter en définitive un bilan démographique global positif, toutes catégories confondues. Cet objectif de perpétuation semble d'ailleurs vain à long terme, puisque les astrophysiciens nous annoncent la fin de notre planète dans cinq milliards d'années, lorsque notre soleil viendra à périr faute de combustible.

Il naît ainsi un doute sur la validité des questions que nous nous posons : « Demander pourquoi l'univers a été créé, écrit Jean Hamburger, suppose que nous avons le droit d'extrapoler à l'histoire naturelle du monde une interrogation licite à l'échelle de l'action humaine... (Une telle interrogation) nous paraît entachée d'un anthropomorphisme généralisé, elle prend le risque d'être une question impropre, quête d'une signification qui peut n'avoir aucun sens et ne réclame, par essence, aucune réponse, aucune recherche, si l'on ne décide pas d'abord arbitrairement (et orgueilleusement) que le monde est fait à l'image des structures intellectuelles du cerveau humain. »

La Terre n'étant qu'un grain de poussière dans le tourbillon de l'Univers, j'en déduis pour ma part que notre destin doit tenir une place infime dans un projet global... à supposer qu'il y en ait un. La seule certitude est que les individus n'ont qu'un rôle modeste, éphémère et interchangeable : celui de transmettre les gènes de leur espèce.

VI

LA MORT

Philosopher, c'est apprendre à mourir.
Platon

Ayant réservé une grande place au Vivant, il est juste de consacrer le dernier chapitre à la Mort. En dépit de ses implications philosophiques et religieuses, la mort est avant tout un phénomène physiologique, qui doit être abordé comme tel. C'est la vie qui se retire, ce n'est pas un personnage maléfique, la camarde grimaçante armée d'une faux, l'ennemie du genre humain.

On dit que l'amour est plus fort que la mort... Ce n'est pas vrai, hélas, pour les amants. En revanche, les forces qui unissent les sexes l'ont constamment emporté, puisque les naissances ont toujours excédé les pertes et que l'apparition de nouvelles lignées a largement compensé l'extinction d'anciennes espèces.

Tout ce qui existe sur Terre est voué à l'anéantissement : individus, espèces, ensemble des règnes animal et végétal.

Pour l'astrophysicien, la fin de la Vie sur Terre est inéluctable à long terme. Elle se produira lorsque le soleil viendra à s'éteindre après épuisement de ses réserves en hydrogène. Ce sera dans cinq milliards d'années. A moins que d'ici là l'humanité ne décide de déverser ses stocks de bombes H. J'en évoque les conséquences au dire des spécialistes *(App. 70)*.

Même si nous nous sentons très peu concernés par une perspective aussi lointaine que la mort du soleil, voici le scénario probable de cette apocalypse : lorsque le soleil aura transformé en hélium la totalité de son oxygène, son cœur se condensera tandis que son enveloppe se dilatera, il deviendra ce qu'on appelle une « géante rouge » : sa circonférence atteindra l'orbite de Mars, ce qui provoquera l'embrasement de la Terre... La contraction finira par provoquer la fusion de l'hélium, il en résultera un gigantesque « flash » et notre planète sera volatilisée. Personne ne sera plus là pour en parler, les mots : immortalité, résurrection de la chair, n'auront plus cours... Il est vraisemblable qu'à l'échelle de l'Univers, l'événement demeurera inaperçu. L'apparition dans notre ciel d'une « supernova » ne suscite aucune inquiétude particulière. A supposer qu'il existe des extraterrestres, pourquoi se soucieraient-ils de ce qui peut se passer dans la banlieue d'une lointaine étoile?

Pour le biologiste, la mort individuelle est un processus physiologique sans mystère, beaucoup plus facile à saisir que la vie. C'est l'interruption irréversible de l'anabolisme qui s'oppose à l'entropie. C'est l'arrêt de tous les phénomènes énergétiques, des synthèses et des régulations. Ce n'est pas cependant la fin de tout catabolisme, bien au contraire : une série de dégradations protéolytiques * vont se poursuivre sous l'influence d'enzymes, dont les unes sont endogènes (ptomaïnes, protéases, fibrinolysine...), les autres sont exogènes, elles proviennent de micro-organismes qui prennent part au recyclage biologique et qui en vivent.

Songeons qu'à chaque génération le nombre des morts

* Transformant les protéines en petits peptides et en acides aminés.

s'accroît presque géométriquement : dans un siècle, la terre devra héberger plus de cinq milliards de nouveaux morts. Elle devient un grand cimetière de plus en plus encombré. Heureusement, elle les recycle. Par ailleurs, la proportion de crémations augmente. L'Église ne considère plus que l'incinération fait obstacle à la résurrection de la chair. Elle fit pourtant longtemps opposition aux dissections de cadavres. Le grand anatomiste Vésale fut accusé, à tort ou à raison, d'avoir dérobé des corps de pendus au gibet de Montfaucon pour les disséquer. Dans le même temps, on ne craignait pas cependant de dépecer les restes des Saints pour en distribuer les reliques.

La longévité de chaque espèce est génétiquement programmée. Le nombre de ses divisions cellulaires est limité. Mais des cultures de cellules de souris, de poulet, ou de singe, peuvent être entretenues pendant de longues durées, sans relation avec l'espérance de vie de l'espèce. Ceci jette un doute sur la responsabilité d'anomalies acquises de l'ADN, ou d'un défaut d'enzymes de réparation.

L'existence est une succession de batailles gagnées. La mort est la première et dernière défaite. Même si l'on parvient à triompher longtemps des dangers, il faut en fin de compte s'incliner, s'éteindre d'usure, de délabrement, bref, de sénilité. Ceci n'est guère préférable, ni pour soi, ni pour les autres.

La dégénérescence des tissus se traduit avec l'âge par une relative déshydratation et par une raréfaction du collagène (tissu de soutien). Les enzymes qui luttent contre les « super-oxydations » se font moins efficaces, les mécanismes de l'immunité se retournent contre l'organisme, ce qui se traduit par une fréquence d'auto-anticorps plus grande chez les sujets âgés. Pour certains, le vieillissement résulterait de l'épuisement progressif des facteurs de croissance abondants chez l'embryon et d'une accumulation de troubles métaboliques. Pour d'autres, le terme de la vie est commandé par des facteurs biochimiques, hormones ou médiateurs, au même titre que les autres étapes du développement (croissance, puberté, période d'activité génitale).

Alors que le concept d'usure laisse impuissant et fataliste, celui d'intervention de médiateurs de la sénilité laisse place à l'espoir de découvrir un jour des antagonistes capables d'en réduire l'effet. Jusqu'à présent, les traitements substitutifs n'ont jamais fait leur preuve (thérapies embryonnaires ou tissulaires, traitements hormonaux).

Prolonger la vie (mais non la vieillesse) est un vieux rêve de l'humanité. Les tablettes de terre cuite de l'ancienne Sumer nous content comment Gilgamesh, roi d'Uruk, tenta de ravir aux dieux le secret de l'immortalité; et on sait que Jupiter transforma la nymphe Juventa en fontaine : ceux qui s'y baignaient étaient censés retrouver la jeunesse.

La fontaine de Jouvence n'a en tout cas rendu personne immortel. Ne le regrettons pas, l'espèce a besoin pour se renouveler que les individus s'effacent. La médecine a grandement accru l'espérance de vie, ce qui a contribué à la surpopulation du globe. Elle a heureusement apporté l'antidote, le contrôle des naissances (utilisé principalement par ceux qui pourraient s'en passer). Une trop grande longévité augmente la proportion des improductifs; une société dont l'âge moyen ne cesse de s'accroître, alors que la natalité baisse, se condamne à terme. Passé l'âge de la reproduction, les individus sont biologiquement en sursis. La mort est indispensable à l'éternelle jeunesse du Vivant et à son évolution.

Flaubert écrit : « Je n'ai jamais vu un enfant sans penser qu'il deviendra un vieillard, ni un berceau sans songer à une tombe. » Notre condition de mortels est en effet la seule certitude que nous possédions. « Dura lex sed lex » : elle est de ces lois qui ne sont jamais acceptées, même si elles ne souffrent aucune exception, atteignant les puissants comme les déshérités. Les cimetières militaires, avec leur alignement de croix identiques, expriment mieux l'égalité devant la mort que les sépultures civiles avec leur disparité.

Cette loi universelle, qui nous révolte lorsqu'elle nous concerne, nous ou nos proches, nous laisse beaucoup plus fatalistes lorsqu'il s'agit du Tiers Monde, et totalement indifférents pour ce qui est des autres espèces : personne ne s'est jamais préoccupé de l'immortalité des invertébrés, des poissons, des oiseaux, ou des autres mammifères. Pourtant, bien des bestioles, qui ne vivent qu'un jour ou qu'une saison, seraient mieux fondées que l'humanité à briguer un supplément de vie.

***

La « Mort » confond, sous un même vocable, trois composantes distinctes : l'agonie, l'instant d'irréversibilité et l'au-delà de la mort. Nous allons les considérer successivement.

L'agonie, c'est-à-dire le « mourir » est l'étape la plus redoutée et sans doute la plus éprouvante pour l'intéressé comme pour son entourage.

Qu'éprouve-t-on à l'article de la mort? On recueille pieusement les paroles dernières des agonisants, comme si, au bord de l'inconnu, ils pouvaient mieux serrer la vérité.

Apprécions l'humour courageux du grammairien Vaugelas qui aurait dit : « Je m'en vais ou je m'en vas, l'un et l'autre se dit, ou se disent. »

Longtemps on répétera la dernière phrase de Socrate : « Criton, n'oublie pas que nous devons un coq à Esculape! », ultime boutade adressée au dieu des médecins, que chacun pourra interpréter à sa guise.

Goûtons aussi les dernières paroles du Frère Albert, le portier des « Los Martires », le couvent des Carmes de Grenade : « Ah, je l'ai vu! Ah, je l'ai vu! » « Frère Albert, qu'avez-vous vu? », s'empressa de demander Jean de la

Croix, qui se trouvait à son chevet. Le mourant répondit : « L'amour, l'amour... », puis, croisant ses bras sur sa poitrine, il ferma à jamais les yeux.

Les épitaphes gravées sur les dalles funéraires sont des messages aux vivants, mûrement pesés par les futurs défunts, ou conçus après coup par l'entourage.

Je songe à une épitaphe victorienne qui laisse pensif le médecin que je suis :

« Affliction sore
Long time I bore
Physicians were in vain
Till Death did seize
And God did please
To ease my pain »

Ce que l'on peut traduire librement, mais en perdant la poésie des mots : j'ai longtemps enduré les peines, les médecins n'y purent rien, jusqu'à ce que Mort me prît et qu'il plût à Dieu de soulager mes souffrances.

Sur la tombe du cinéaste japonais Ozu, un seul idéogramme, signifiant « Néant ». N'est-il pas à cet égard remarquable, qu'un signe, ou un mot, puisse exprimer dans toutes les langues ce qui n'existe pas...

Mais revenons à la période qui précède l'issue fatale, disons à « l'Avant-mort ».

Autrefois, on mourait chez soi, dans son cadre familier, entouré des siens. On s'éteignait assez rapidement de maladie ou de vieillesse. Les grabataires ne duraient guère, emportés par des complications infectieuses et des troubles métaboliques. La famille se relayait au chevet de l'ancêtre. Dans le nord du Japon, la coutume voulait que le fils emportât sur son dos sa vieille mère devenue impotente; il gravissait la montagne pour la coucher avec tendresse sur un lit de neige, où rapidement engourdie par le froid, elle perdait conscience *(Ballade de Narayama)*.

Tout a bien changé. La réanimation a fait de fantastiques progrès. Elle a permis de sauver de très nombreuses vies humaines. L'ennui, c'est qu'on tend à l'appliquer uniformément aux malades curables et incurables, aux vieux comme aux jeunes. On ne sait pas empêcher de mourir de vieillesse, on ne peut guérir les incurables. Trop souvent, on ne fait que retarder l'inéluctable et prolonger les souffrances physiques et morales durant des jours, des semaines ou des mois. Ainsi finit-on bien souvent, environné de tuyaux et d'appareils, dans la solitude et l'anonymat d'un service hospitalier, parmi des étrangers.

A quoi bon prolonger la phase terminale d'une maladie et maintenir les fonctions organiques chez un vieillard gâteux avec des escarres? On en vient, au nom du respect de la vie, à ne plus respecter la personne. La vieillesse est déjà en soi peu plaisante, prolonger une dégradation avilissante et la lente glissade vers l'irréversible est inutile et absurde. A quoi bon asseoir dans un fauteuil une loque humaine qui a peine à tenir sa tête? Est-on vraiment autorisé à attacher les poignets d'un malade pour qu'il n'arrache pas ses sondes et aiguilles (s'il ne s'agit pas d'un agité)?

Il suffit d'avoir traversé des salles de soins intensifs pour s'apercevoir de la disparité des cas traités : à côté de traumatisés ou d'infarctus du myocarde, susceptibles de récupérer, sont allongés des sujets manifestement à bout de course : dans un état crépusculaire, muets, sans regards, piqués, torchés, manipulés comme des objets. Une sorte de médecine vétérinaire avancée, avec cette différence que le vétérinaire n'hésite pas à mettre fin aux souffrances inutiles. Devant ce tableau désolant, on souhaite ne pas se trouver un jour en pareille situation, ni d'y voir, méconnaissable, un être cher.

Comment en est-on arrivé là? Personne au départ ne l'avait souhaité. Prenons l'exemple d'un malade âgé, frappé d'hémiplégie. Bien entendu, on l'hospitalise, on ne peut faire autrement : pour établir un bilan des lésions, chercher la cause de l'accident cérébral, envisager une intervention chirurgicale (celle-ci demeure l'exception). On est dès lors entré dans un redoutable engrenage : en attendant que le patient puisse se nourrir, se mobiliser, contrôler ses sphincters, on met en place des sondes. On le nourrit, le réhydrate, on l'aspire, le mobilise passivement, dans l'attente d'une récupération. Si la parole revient (en cas d'aphasie), si la force musculaire réapparaît sans trop de contracture, bref, si la régression des troubles est suffisante, tout est bien qui finit bien.

A vrai dire, l'intéressé est seul habilité à apprécier la qualité de vie résiduelle et le degré d'autonomie dont il dispose. L'ennui est qu'au départ, malgré l'apport du scanner, il est difficile de prévoir le degré de récupération. Certains patients ne peuvent survivre sans alimentation par sonde et demeurent impotents, incapables de toute vie de relation.

A côté de ces succès ou de ces échecs évidents, tous les intermédiaires se rencontrent, posant aux médecins et aux familles de délicats problèmes. Il est plus facile de mettre en route que d'arrêter, de continuer que de faire marche arrière. On se résout mal à prendre en considération la volonté du malade, même lorsque celui-ci a pu l'exprimer.

Des problèmes voisins se posent chez les malades, atteints d'affection maligne parvenue à un stade avancé. Le personnel de la plupart des services hospitaliers n'a ni la formation, ni le temps nécessaire, pour conforter ces patients qui souffrent physiquement et moralement. Une « assistance aux mourants » n'est dispensée que dans de rares services avancés de « médecine palliative », la plupart créés en pays anglo-saxons. Le personnel, formé pour « l'accompagnement des mourants », dispense les drogues visant à supprimer les souffrances et à atténuer l'angoisse, tout en veillant à maintenir jusqu'au bout une relation avec le patient. C'est un progrès. Je me demande toutefois, si cet accompagnement ne revient pas à la famille (si famille il y a). Il peut sembler paradoxal qu'elle s'en décharge auprès d'inconnus, moyennant finances. N'est-ce pas à elle de maintenir une relation affective jusqu'au bout.

Le premier département de « soins palliatifs » pour l'accompagnement des mourants vient d'être créé en France à l'hôpital de la Cité universitaire (juin 1987). Il comporte un petit nombre de chambres très confortables et avenantes, il sera possible aux familles d'y être présentes aussi bien de jour que de nuit. C'est un premier pas vers une médecine plus humaine (qui pose toutefois de redoutables problèmes économiques si l'on veut faire face aux besoins réels).

La plupart des cancéreux parvenus à un stade avancé souffrent. On est rapidement conduit à augmenter les doses de calmants. Parents et médecins ont toutefois encore tendance en France à économiser les stupéfiants injectés, dans la crainte dérisoire d'écourter l'évolution...

La famille répugne à reprendre à la maison un mourant. Les raisons en sont multiples : refus de capitulation devant la maladie, désir d'avoir « fait le maximum », manque de personnel et d'équipement pour des soins continus; mais il y a aussi des motivations moins honorables : peur de la mort, souci d'éviter la gêne et les complications matérielles et financières. Ces raisons, bonnes ou mauvaises, se conjuguent pour prolonger l'hospitalisation, tellement plus facile et sécurisante.

Résultat : matériellement pris en charge, mais moralement abandonné, le malade succombe dans un lit d'hôpital, après des semaines de souffrances superflues. Le plus déplorable étant qu'à aucun moment l'intéressé n'est consulté, ni écouté. On décide à sa place « pour son bien ».

Plus difficile encore est la décision de suspendre des soins intensifs chez un malade dans le coma. Il faut en effet que médecins et parents s'accordent pour arrêter la réanimation. On peut d'ailleurs éprouver des surprises : c'est ainsi que dans le cas de la jeune Karen Ann Quinlan : au bout de dix ans de survie artificielle, le tribunal considérant « l'état végétatif permanent » de la patiente, donna à la demande des parents l'autorisation de débrancher le respirateur. A l'étonnement général, la malade continua à respirer pendant plusieurs semaines avant de mourir.

***

Un mouvement se développe depuis quelques années contre l'abus de l'usage des technologies avancées. Un ami, avec lequel j'ai autrefois dirigé le Centre national de Transfusion sanguine, un homme de cœur, le médecin général Debénedetti, avait le premier réagi. Il avait fondé en 1966 la « Société française de Thanatologie » dans le but d'explorer les diverses implications de la mort. Cette société avait choisi, en 1975, comme thème de son congrès : « Mourir à son heure. »

Dans le même temps, trois prix Nobel avaient fait sensation : un physicien britannique, George Thomson, un chimiste américain, Linus Pauling, et un biologiste français, Jacques Monod, avaient signé un manifeste mettant en garde contre les soins intensifs abusifs. Ils réclamaient qu'on soulage les souffrances des incurables, même si cela devait écourter leur existence. Ils demandaient qu'on ne maintienne pas en vie un malade contre sa volonté, et qu'au contraire, s'il en faisait la demande, on l'aide à mourir. Dispenser l'euthanasie, la « mort douce », devenait ainsi un acte charitable, voire un devoir moral.

En 1976, la Commission des Questions sociales et de la Santé du Conseil de l'Europe soulignait dans une recommandation (779) le droit des malades à l'information, à l'intégrité de la personne, au refus de la douleur et de l'acharnement thérapeutique.

Même la Congrégation romaine a mis en garde contre « une interprétation abusive du devoir d'assistance à personne en danger ». La volonté que peut exprimer un homme de « vivre » comme il le désire ses derniers jours constitue un droit et une liberté, face à une médecine de plus en plus agressive, capable de prolonger, à défaut de pouvoir guérir. Nul n'a le droit de se substituer à l'intéressé qui n'a pas à subir passivement les décisions d'autrui, fussent-elles prises « dans son intérêt ». Le désir de vivre, le degré acceptable de limitation de l'autonomie, l'appréciation de la qualité de la vie, sont autant de valeurs subjectives que l'on ne peut imposer à autrui. Avoir une haute idée de la vie conduit précisément à refuser une existence dévaluée. Il est légitime de préférer une fin rapide et paisible, à une prolongation vaine, pénible pour tous.

Dès lors, se sont créées dans divers pays des associations pour « Mourir dans la dignité ». L'association française pour le Droit de mourir dans la dignité (ADMD) a été fondée en 1980 par Michel Lauda, un universitaire franco-américain. Il devait succomber d'un cancer du poumon l'année suivante, à cinquante-trois ans. Il mourut comme il l'avait souhaité, au milieu des siens et sans souffrances.

Cette association s'est donné comme premier objectif de permettre à ceux qui en exprimeraient le désir d'établir un « testament biologique » (ou « déclaration de volontés »). Celui-ci stipule :

Que l'on use des remèdes capables de soulager les douleurs, même si « les seuls restant efficaces risquent d'abréger la vie ».

Que l'on s'abstienne de tout acharnement thérapeutique.

Qu'en dernier recours, ceux qui en ont fait la demande exprès puissent disposer d'une mort douce, c'est-à-dire d'une « aide à l'autodélivrance ».

Le premier point du « testament » : soulager la douleur, ne soulève guère de difficultés théoriques. Nul n'est en droit de décider à la place d'un autre si les souffrances sont ou non intolérables. Il suffit d'administrer par la bouche du sirop de morphine toutes les quatre heures, d'augmenter les doses à la demande et de pratiquer au besoin des injections. Qu'importe de déprimer le centre respiratoire chez un mourant!

Le second point du testament biologique est déjà plus délicat, puisqu'il suppose de définir où commence l'acharnement thérapeutique. Si les cas extrêmes (récupération franche, ou coma dépassé avec mort cérébrale) ne posent guère de problèmes, il est en revanche des situations intermédiaires plus difficiles à trancher.

Chacun conserve à l'esprit ces interminables agonies de chefs de gouvernement, où la prouesse médicale rejoint la raison d'État, sans que soit justifié éthiquement l'acharnement thérapeutique. Il n'y a ni sens, ni dignité, à prolonger un agonisant en survie artificielle.

L'euthanasie, le troisième point du testament biologique, n'a jamais cessé de soulever des débats passionnés, ainsi que des discussions juridiques non encore résolues. C'est ainsi que tout récemment encore, l'opinion publique anglaise s'est émue d'apprendre que George V avait « bénéficié » en 1936 d'une euthanasie active. Son médecin Lord Dawson s'était résolu, devant un état d'insuffisance respiratoire progressive, à administrer à son royal patient un mélange de morphine et de novocaïne. Ce qui choqua peut-être le plus l'opinion, ce fut de découvrir la nouvelle avec cinquante ans de retard et d'apprendre que l'heure de l'injection avait été choisie de telle sorte que le décès pût être annoncé dans la presse du matin, jugée « plus convenable » que la presse du soir.

Indiquer par écrit qu'on demande en dernier recours une « aide à l'autodélivrance » n'implique pas qu'on renonce à toute espèce de soins, dès lors qu'une récupération raisonnable peut être attendue. Ce que l'on refuse, c'est la prolongation de traitements inutiles, capables de maintenir en vie sans apporter d'amélioration décisive.

Certes l'euthanasie soulève beaucoup de problèmes et ne saurait en aucun cas être appliquée de façon routinière. Un malade conscient doit tout d'abord confirmer son intention première, exprimée alors qu'il était en bonne santé. Nul ne doit être prisonnier de dispositions antérieures : une fois aux prises avec la maladie, l'esprit de conservation, solidement chevillé au corps, peut modifier l'optique; il est toujours permis de changer d'avis et de vouloir encore se battre, même vainement. Il est possible aussi que la promesse faite par le médecin au malade de l'aider à mourir, lorsque ce dernier en estimera le moment venu, puisse suffire à apporter un apaisement, un soutien, susceptibles de dispenser d'y avoir recours.

Il y a lieu, par ailleurs, de faire la distinction entre euthanasie « passive » et euthanasie « active ».

L'euthanasie passive consiste à s'abstenir de nouvelles thérapeutiques, à laisser mourir comme au siècle précédent. Ceci semble moins difficile pour un médecin que de donner la mort, acte totalement en contradiction avec sa vocation. Mais il ne faut pas se cacher que l'arrêt d'un respirateur ou d'un goutte-à-goutte va engendrer des souffrances souvent intolérables. De même l'omission ou l'interruption d'antibiotiques en cas d'infection (pulmonaire par exemple) est source de troubles pénibles. D'où la nécessité de « forcer » les doses de calmants; l'on n'est dès lors plus très éloigné de l'euthanasie active...

L'euthanasie active, n'ayons pas peur des mots, est un suicide par procuration. Pourtant, il y a peu de rapport entre l'aide à l'autodélivrance d'un malade condamné, et le suicide d'un sujet en bonne santé physique. La difficulté est ici de décider qui doit fournir l'assistance et si cette pénible tâche revient au médecin. Pour ma part, j'estime que si le malade est conscient, le médecin devrait se borner à procurer le produit nécessaire pour le mettre à la portée du patient *, c'est à ce dernier d'accomplir le geste terminal qui consiste à l'avaler. Il ne me paraît pas juste en effet d'attendre d'autrui, ce qu'on peut encore accomplir soi-même. Si le malade est impotent ou inconscient, c'est à l'équipe médicale qu'il revient de décider en tenant compte de la dernière volonté exprimée par le patient.

Certains ne manqueront pas d'objecter : toute vie est sacrée, unique, précieuse, irremplaçable, et le médecin plus qu'aucun autre se doit d'en avoir le respect (en toutes

* Ceci est pratiqué aux Pays-Bas.

circonstances préciseront ces moralistes). Ils n'en acceptent pas moins (pour la plupart) que l'on tue pendant les guerres et que des femmes avortent. Ce « respect de la vie » est donc tout relatif et quelque peu élastique. Pour moi, le respect de la vie englobe le respect de la personne et son droit à refuser un semblant d'existence artificielle.

Naturellement, aucun médecin, dont la vocation est de guérir, n'aidera à mourir de gaieté de cœur. Il ne s'y résoudra éventuellement qu'en cas d'échec des mesures palliatives (incapacités des opiacés et des tranquillisants à vaincre douleurs et anxiété). Il est difficile de chiffrer de façon impartiale ces formes rebelles aux thérapeutiques palliatives, tant les appréciations sont subjectives, obscurcissant les données statistiques. Une fois encore l'intéressé est le meilleur juge.

Il serait préjudiciable à la confiance que tout malade doit conserver en son médecin que l'on en vienne un jour à banaliser l'euthanasie. L'attitude courageuse et réfléchie d'un cancérologue réputé ne saurait être généralisée et adoptée par de jeunes médecins isolés. D'ailleurs, il va de soi que tout praticien peut refuser son aide à l'autodélivrance, comme il est en droit de se refuser à pratiquer un avortement.

Une intéressante enquête d'opinion a été faite à cet égard, en décembre 1982, par une revue médicale : 90 % des médecins se sont dits prêts à prescrire des calmants « larga manu »; 82 % renonceraient à l'acharnement thérapeutique (mais tout est dans sa définition); 26 % seulement accepteraient d'aider activement à mourir un incurable, toutefois 88 % comprendraient un tel acte pratiqué par un de leurs confrères. Ce ne sont pas les conséquences juridiques de l'acte qui les retiennent, car, en supposant une modification de la législation, les proportions de réponses demeurent inchangées. Il est enfin intéressant d'apprendre que 64 % de mes confrères interrogés ne se sentent pas prêts à rédiger un testament biologique, répugnant sans doute à affronter l'idée de leur propre mort.

Si, en songeant aux cruelles éventualités qui menacent chacun de nous, je demeure le partisan nuancé d'une aide à l'autodélivrance, je considère qu'aucune législation ne saurait codifier l'euthanasie. Intervenir, ne pas intervenir, apparaissent souvent comme également insatisfaisants. Aucun texte ne pourra jamais trancher les doutes : chaque situation est particulière et ne saurait être examinée qu'au cas par cas.

En outre, la perplexité est grande lorsque le malade n'est plus en mesure d'exprimer sa volonté et qu'il n'a laissé aucun testament biologique. Il ne faudrait pas que des héritiers poussent à expédier « ad patres » trop complaisamment ceux qui n'en finissent pas de mourir. Les juristes, lorsqu'ils sont interrogés, sont souvent partagés, de même que les médecins. C'est ainsi qu'un tribunal du New Jersey a été embarrassé pour se prononcer sur le cas de « Claire Conroy » :

Il s'agissait d'une vieille dame (de quatre-vingt-quatre ans) nourrie par sonde nasale, grabataire et gâteuse, atteinte d'escarres et incapable de communiquer avec son entourage. Son seul parent, un neveu, qui lui rendait régulièrement visite, demanda au tribunal la permission qu'on arrête l'alimentation artificielle, en faisant valoir que, connaissant le caractère de sa tante, celle-ci n'aurait pas apprécié d'être artificiellement prolongée dans cet état dégradant. Le tribunal finit par émettre un jugement favorable. Mais un tribunal d'Appel suspendit l'exécution de cet arrêt.

La malade mourut dans l'intervalle avec sa sonde en place... Pourtant, l'affaire poursuivit son cours et vint devant la cour suprême du New Jersey. Les débats furent longs et difficiles, la décision devant faire jurisprudence. Les juges estimèrent que s'il était légitime d'interrompre des soins palliatifs en cas de testament biologique, en son absence, il fallait prendre en compte le « meilleur intérêt du malade » incapable de s'exprimer. Mais, quel était en l'occurrence le meilleur intérêt du patient? D'être en survie artificielle ou bien de mourir? La cour jugea que cette décision ne devait être prise, ni par les médecins, ni par la famille, car ils étaient « parties » à des titres divers. Un arbitre désigné par le tribunal pouvait être désigné pour prendre une décision.

Ce jugement fut très discuté : on fit valoir que la famille, ou un médecin de famille était mieux qu'un tiers apte à supputer ce qu'aurait voulu le patient, s'il avait conservé ses facultés mentales. Par ailleurs le critère « meilleur intérêt du malade » n'était-il pas ambigu? Signifiait-il simplement « confort ou inconfort » du patient, tenait-il compte de la dignité de la personne? N'était-il pas susceptible de remettre en question la validité d'un testament biologique? Certains suggérèrent qu'à son entrée dans une maison de retraite, on fasse remplir par les pensionnaires un questionnaire. Parmi les questions posées, l'une concernerait des indications à fournir sur la conduite à tenir en cas d'éventuelle détérioration grave à la fois physique et mentale. Pareille question peut sembler quelque peu délicate à poser à une personne âgée, mais à tout prendre, sa réponse serait susceptible aussi bien de la protéger contre des soins inutiles, que contre la tentation pour l'institution d'abréger ses jours pour faire de la place.

En définitive, il importe qu'aucun malade n'ait à subir passivement le choix d'autrui, qu'il s'agisse de prolonger ou d'abréger ses jours sans son accord. Il doit pouvoir refuser (à condition d'être parfaitement éclairé et conscient) toute atteinte à son intégrité physique faite contre son gré, qu'il s'agisse d'une amputation ou d'un maintien en service de soins intensifs. Certes pareils soins sauvent journellement des vies humaines, encore faut-il que l'état du patient offre une chance raisonnable de réversibilité. Un sujet âgé très diminué, un cancéreux non amélioré par chimiothérapie ont le droit de décider de leur sort. Cela suppose que le patient n'ait pas une idée fausse sur le diagnostic et le pronostic, et qu'il ne manifeste pas un défaitisme sans fondement. Si le malade ne peut s'exprimer, famille et médecins doivent prendre en compte un éventuel testament biologique. (Ce serait un comble de respecter les dispositions testamentaires concernant des biens matériels, et non la volonté qui a trait à la personne elle-même.)

Faute de volonté exprimée par écrit, il est fréquent que les avis divergent entre famille et corps médical, ou au sein de la famille elle-même. Une illustration vient d'en être récemment fournie (mai 1987) : un homme de soixante ans est atteint d'une tumeur cérébrale au-dessus des ressources chirurgicales. Une chimiothérapie instituée par un cancérologue ne permet qu'une amélioration partielle et temporaire. Le malade demeure hémiplégique et aphasique, il a des escarres. L'épouse (elle-même médecin du travail) obtient l'accord du cancérologue pour mettre fin à la chimiothérapie. Le père du patient, âgé de quatre-vingt-onze ans, s'oppose à ce qu'il considère comme un abandon thérapeutique et il assigne sa belle-fille en référé, demandant à la justice de trancher ce désaccord familial.

Le juge du tribunal de grande instance demande à un expert de dire : « Si la poursuite des soins devait être ordonnée au cas où le malade ne serait pas en état de donner un consentement libre et éclairé. » L'expert, chimiothérapeute de renom, conseille la poursuite d'une chimiothérapie plus douce, pour ne pas accroître les souffrances du malade (il en escompte une prolongation de quelques mois pendant laquelle on peut espérer la découverte de nouveaux médicaments). L'épouse, considérant que ce traitement prolonge inutilement les souffrances, décide de réclamer par l'intermédiaire de son avocat l'avis de deux nouveaux experts dont un neurologue. Ceux-ci ont confirmé la décision de poursuivre la chimiothérapie, en précisant toutefois que si le patient recouvrait une conscience suffisante, on se plierait à la volonté qu'il exprimerait.

Notons que l'espoir de la découverte d'un nouveau médicament est souvent invoquée pour la prolongation de soins palliatifs. Si rapides que puissent être les progrès de la science, le délai qui sépare la découverte d'un médicament de son application clinique se compte en années. Même un nouveau médicament parvenu au stade d'expérimentation clinique requiert des mois pour être disponible. Un spécialiste, nécessairement au courant des avancées thérapeutiques internationales, peut certes proposer l'éventuel essai d'une nouvelle drogue en cours d'appréciation thérapeutique (non encore disponible dans le circuit commercial). Il ne peut par contre invoquer l'espoir à court terme de progrès thérapeutiques indéterminés.

***

L'ultime instant où la vie se retire est de plus en plus difficile à saisir. Tous les organes ne meurent pas en même temps. Autrefois, on attendait le « dernier soupir ». Il n'était pas même besoin de mettre devant les lèvres de l'agonisant le petit miroir qui cessait de s'embuer, l'arrêt du cœur ne tardait guère. Si l'on avait un doute, une aiguille enfoncée dans l'artère radiale ne ramenait que très peu de sang. Le diagnostic de la mort ne posait guère de problèmes, les délais de 24 heures avant la mise en bière suffisaient à donner toute garantie.

Pourtant, on cite quelques tragiques méprises. Ceux qui veillaient en dodelinant de la tête, croyaient parfois dans la lumière vacillante des cierges voir le mort s'animer. Dans les morgues, il y avait une cloche à la disposition des défunts, afin qu'ils puissent appeler s'ils venaient à se réveiller...

Le cas le plus frappant est celui de Thérèse de Jésus (sainte Thérèse d'Avila). Malade au couvent de l'Incarnation, où elle était entrée à l'âge de vingt ans, elle revint chez son père, qui lui fit prodiguer des soins médicaux pendant plusieurs mois. En dépit (ou à cause?) de ces traitements, qui au XVIe siècle étaient, hélas, plus souvent nocifs que bénéfiques, Thérèse dépérit, et vint le moment où elle entra en agonie.

Elle avait vingt-quatre ans, cela se passait en Avila en 1539. Voici ce qu'on nous raconte :

Thérèse de Jésus est étendue sur le lit, inanimée, on a allumé les cierges. Elle ne respire plus, n'a plus de pouls; les médecins la tiennent pour morte. Les Pères ont administré les derniers sacrements. On procède à la toilette funèbre. On la vêt de son habit de religieuse. Le cercueil est apporté dans la chambre, la tombe est creusée au cimetière de l'Incarnation. La famille et les serviteurs prennent le deuil et l'Office funèbre a commencé dans la communauté des Carmes. Par on ne sait quel étrange entêtement, le père de Thérèse est le seul à s'opposer à l'évidence. Il retarde la mise en bière et ne cesse de répéter : « Esta hira no es para enterrar » : cette fille, sa fille, ne doit pas être enterrée. Deux jours et deux nuits se passent. Lors de la troisième nuit, alors que son jeune frère Lorenzo pendant la veillée s'est endormi, un cierge met le feu au drap, à l'oreiller; la chambre est emplie de fumée. On éteint le feu à la hâte; Thérèse de Jésus, qui a failli brûler, n'a pas bougé, elle est toujours sans connaissance. Au quatrième jour, alors qu'on lui coule de la cire sur les paupières comme on le faisait pour sceller les yeux des morts, Thérèse frémit et gémit. Puis elle parle : elle dit qu'elle était au ciel, mais aussi qu'elle a vu l'enfer. Elle est raide paralysée et hyperesthésique. Elle ne souffre pas qu'on la touche. Elle ne peut remuer. Elle demande qu'on la ramène au couvent. Elle restera huit mois à l'infirmerie et mettra près de deux ans avant de pouvoir marcher. Elle commence par se déplacer à quatre pattes. Elle ne mourra pour de bon qu'à l'âge de soixante-sept ans, et nous la retrouverons un peu plus loin.

Aujourd'hui tout est changé, la respiration assistée a supprimé le « dernier soupir »; le fonctionnement du système cardio-respiratoire peut être assuré par une machine, l'alimentation peut se faire par voie intraveineuse. Le cerveau peut mourir, alors que les autres organes sont maintenus artificiellement en survie.

*
* *

Voici maintenant le cadavre. Nous n'en avons connaissance que par la mort des autres. La dépouille est de plus en plus souvent escamotée. On meurt et on est mis en bière, hors la vue : plus de tentures noires aux larmes d'argent, plus de vêtements de deuil, il suffit d'un témoin de la famille pour l'identification. Est-ce pour banaliser le trépas ou bien pour en dissimuler le côté insupportable? Les deux sans doute.

L'horreur des vivants en présence d'un cadavre est bien compréhensible. On souhaiterait que l'affreuse décomposition ait lieu le plus rapidement possible. On comprend les trappistes qui se font enterrer sans cercueil, à même la terre.

Et pourtant on s'est ingénié de tout temps à lutter contre la décomposition.

Les savantes momifications de l'ancienne Égypte étaient réservées aux pharaons et hauts dignitaires, qui ne se doutaient pas que leurs momies finiraient un jour en poussière dans des vitrines de musée.

Les momifications spontanées, comme celles des catacombes de Palerme, dues à des caprices climatiques, sont encore plus impressionnantes.

La fossilisation est plus ancienne et plus efficace, survivant aux civilisations et aux espèces elles-mêmes. Formes de poissons, de coquillages, d'oursins qui sont les reliquats pérennisés de vies antérieures pétrifiées.

Souvenirs aussi de formes en mouvement figées à jamais, émouvantes empreintes humaines laissées à Pompéi et Herculanum par des contemporains de saint Jean l'Évangéliste.

A la mort des rois de France, on leur extirpait le cœur pour le conserver dans une urne. Mme de Montespan tint à bénéficier du même traitement. A sa mort, en 1707, elle fut autopsiée à sa demande. Elle avait souhaité que son cœur fût conservé au couvent de la Flèche, que son corps fût enseveli à l'abbaye de Saint-Germain, et ses entrailles au prieuré de Sainte-Menoux. Elle n'avait pas prévu que la voiture contenant ses débris verserait dans un fossé. Ceux-ci étaient dans un état de décomposition si avancé que l'on ne put en récupérer qu'une partie, le reste fut dévoré par les bêtes...

Les tentatives humaines modernes de perpétuation me semblent aussi grotesques que macabres, il en est ainsi de la congélation dans l'attente d'une réanimation future qu'on espère efficace. Escroquerie à la vanité de sujets crédules qui croient que tout s'achète. La dernière invention serait de faire compacter ses cendres pour qu'elles soient dispersées dans le cosmos à l'aide d'une fusée spatiale, comme si on se trouvait significativement plus près du paradis à quelques centaines de kilomètres de la Terre!

***

Chaque année, je ne manque pas de me rendre à Étretat. Je me dirige tout droit vers le Petit-Val et le cimetière situé au chevet de l'église. A condition d'éviter la Toussaint et le temps des chrysanthèmes, je suis assuré de trouver l'enclos désert, avec le paisible troupeau des tombes à l'abri de ses murs.

Je vais droit sur la gauche, vers une dalle de granit portant des initiales à demi effacées Y.S. et G.S. Oui, seulement des initiales, conformément au vœu de ma mère. Mon père est là aussi dans cet espace étroit. Il a rejoint son épouse huit ans après, inconsolé.

J'ai peine à me représenter que leurs restes sont bien là, je préfère ne pas imaginer dans quel état. Je ne parviens pas à me « recueillir ». Je viens seulement m'assurer que la tombe est bien entretenue. Je ne reste que quelques instants, juste assez pour m'assurer que la maison Tonnetôt a bien fait son travail. Pour vérifier que les Ravenelles et les Pensées se portent bien dans l'étroite bande de terre au pourtour de la dalle. J'enlève avec un silex les mauvaises herbes. Je retire quelque gravier. Je ne m'attarde pas. Ce n'est pas le bon endroit pour penser à celle qui m'a porté dans ses flancs.

Je tourne le dos au cimetière et par les rues étroites et familières de mon enfance, je me dirige vers la terrasse du casino. C'est là seulement, face à la mer, devant les galets et les falaises immuables que je peux retrouver son image. Je la revois telle qu'elle était, belle et jeune, aimante et pleine de vie, avant que la maladie ne vînt la détruire. Amputation du sein à quarante-trois ans. Des mois de souffrances, que nul ne pouvait apaiser; l'étudiant en médecine que j'étais moins encore qu'un autre. Un jour, elle demanda pourquoi personne ne l'aidait à mourir. Je fis celui qui ne comprenait pas, c'était au-dessus de mes forces. Du moins, elle succomba comme une petite fille chez ses parents, dans la grande maison de son enfance, au milieu de l'affection et de l'affliction générale. Ma foi en la Providence déjà tiède ne résista pas à l'épreuve, elle s'évanouit avec ce que je possédais de plus précieux.

Je repars d'Étretat avec mélancolie, mais avec le sentiment du devoir accompli. Je sais qu'il reste une troisième place auprès de mes parents. Elle est pour moi si je le veux, si je demande à être reconduit à Étretat où je suis né, bouclant ainsi la boucle. Il resterait simplement à graver dans la pierre J.P.S. suivi d'une date encore imprévisible.

Mais je m'interroge. A quoi bon retrouver les restes décomposés de ceux qui m'ont donné la vie? Pourquoi Étretat où je n'ai plus séjourné depuis cinquante ans, plutôt que Gommecourt, où j'ai une maison entre la Seine et l'Epte, où chaque semaine je reviens? Il y a là aussi, à proximité des miens, un cimetière « accueillant ». Autant déranger le moins possible, cela a si peu d'importance pour le mort, seul absent à son inhumation, les survivants choisiront.

Les médecins parlent d'« exitus ». C'est le mot juste pour

qualifier cette sortie de la vie qui débouche sur une éternelle absence. Si l'on songe à ceux qui sont morts subitement, ou qui ne se sont pas réveillés après une anesthésie, ceux-là ne doivent même pas savoir qu'ils sont morts...

***

Heureux, ceux qui croient vraiment en une autre vie! Mais qu'est-ce qui survit? L'âme?... Qui peut nous dire ce qu'est l'âme? Qui est en mesure de définir cette part immatérielle de l'être, support de l'espérance?

Les Égyptiens distinguaient, à côté du corps, trois entités : l'âme, l'ombre et le nom. C'est en rassemblant les morceaux épars d'Osiris dispersés dans le delta du Nil qu'Isis parvint à ramener à la vie son défunt époux.

L'esprit est si intimement chevillé au corps qu'on voit mal comment il pourrait bénéficier d'un destin autonome. Goethe a écrit : « Traiter séparément de Dieu et de la Nature est difficile et dangereux. C'est exactement comme si nous pensions séparément l'âme et le corps, car nous ne connaissons l'âme qu'à travers le corps, et Dieu qu'à travers la Nature. » La chétive espérance que l'âme pourrait survivre seule, sans substrat matériel n'en demeure pas moins tenace, même si elle semble perdre du terrain.

Gassendi, mathématicien et philosophe du XVIIe siècle, doutait déjà que l'âme fût un privilège du genre humain. Et depuis la perplexité n'a fait que s'accroître : quel peut être le sort réservé aux âmes élevées dans une autre religion? Quand l'âme fait-elle son apparition au cours du développement de la personne? Existe-t-elle déjà en puissance dans le spermatozoïde et dans l'ovule? Quand apparaît-elle chez l'embryon? Le fœtus que l'on supprime à trois mois a-t-il déjà une âme condamnée aux limbes, comme celle des enfants morts avant d'être baptisés? Le grand débile, le patient dans un coma prolongé ont-ils une âme? Et pourquoi l'animal, dont la conscience est au moins égale à celle d'un nouveau-né ou d'un débile, serait-il privé d'âme?

Pour les pythagoriciens, comme pour les bouddhistes, l'âme va d'être en être à travers le cycle poétique des renaissances. J'aime ce vers du *Cimetière marin :* « Le don de vivre est passé dans les fleurs. »

Un biologiste a du mal à concevoir qu'un organisme puisse se retrouver en totalité dans un autre. Il y a trop d'invraisemblances. Comme le faisait remarquer Aurelio Peccei (fondateur du Club de Rome) à son interlocuteur, Daisaku Ikeda (président d'une association bouddhiste internationale), au temps de Bouddha l'Inde entière ne devait pas contenir plus d'habitants que n'en possède à présent la seule ville de Calcutta. Dans quels corps se trouvaient auparavant ces centaines de millions d'âmes qui peuplent aujourd'hui le monde bouddhiste? Par ailleurs, les « antécédents karmiques », c'est-à-dire les accomplissements des hommes au cours de leur vie antérieure, justifient-ils la situation privilégiée des habitants du monde occidental (qui précisément ignorent le Bouddhisme)?

L'espérance des Chrétiens, plus ambitieuse encore, est que la même âme revienne animer le même corps!

Notons, que l'Ancien Testament des Hébreux était resté assez vague en ce qui concernait l'Au-Delà. Seul un passage du Livre de Job évoquait la possibilité d'une vie future : « Je sais bien, moi, que mon rédempteur est vivant, que le dernier, il surgira de la poussière et, bien que cette peau qui est mienne aura été détruite, c'est bien dans ma chair que je contemplerai Dieu. » Il faut attendre le dernier Livre de Hénoch, très discuté, pour que soient évoqués le Jugement, la Géhenne et le Paradis.

C'est donc le Nouveau Testament qui affirme la bonne nouvelle : Christ est ressuscité! Ceux qui croiront en lui retrouvéront, selon la promesse de Paul, leur « corps incorruptible et glorieux ». Incroyable mais vrai, cette chair qui se renouvelle tout au long d'une vie, puis se décompose, se réassemblera, comme un film tourné en arrière...

Matthieu rapporte la réponse que fit Jésus à la question (perfide) qui lui avait été posée : « Si une femme a eu six maris, avec lequel se retrouvera-t-elle après la Résurrection ? » Le Seigneur répondit : « Il n'y aura plus ni mari, ni épouse. » Augustin précise à son tour : le corps ressuscité retrouvera ses organes, son sexe, ajoutant toutefois : « Bien qu'il ne doive plus servir aux anciens usages. » On aimerait en savoir davantage : retrouvera-t-on, au terme de son âge ou d'une maladie, un corps jeune et sain ? A quoi serviront les anciens organes ? Pourquoi des poumons, si, là où vont les élus, il n'y a plus d'air ? Pourquoi des os s'il n'y a plus de pesanteur ?...

Le Concile de Nicée (325) se contente d'une prudente formule : « J'attends la résurrection des morts. » Certains théologiens ont de cette future entité corporelle une notion plus abstraite, simple élément d'identification des individus. Saint Nicaise considère que c'est désormais l'âme qui abrite le corps transfiguré.

Mal explicitée aussi dans les Écritures, l'heure du Jugement Dernier. Dans les premiers siècles de l'ère chrétienne, on croyait toute proche l'Apocalypse annoncée par saint Jean. On attendait le retour du Messie (les Hébreux l'attendent toujours). Cependant rien ne venait. L'An mil parut une date fatidique. Toujours rien... Le jour du Jugement recule ainsi dans un futur indéfini. Le Christ a bien dit : « Veillez, car vous ne savez pas quand viendra le moment. » Mais comment pourrait-on veiller lorsqu'on est mort ? Sous quelle forme subsiste-t-on pendant la longue attente du Jugement ? Longue « dormition » dans l'attente d'un éternel éveil ? De toute façon, comment croire que Dieu attendrait si longtemps pour nous juger ? Si comme on le dit, il lit au fond des consciences, qu'a-t-il besoin de confessions, de prières, de repentir, pour décider du sort de ses créatures ? Le destin de tout ce qui vit m'apparaît scellé depuis le début des temps. Il ne saurait dépendre d'éphémères comportements individuels.

L'Islam, lui aussi, attend le Jugement qui sera rendu en présence de l'Archange Gabriel. Ceux qui le méritent auront droit au Paradis, lieu de délices, avec des musiciens, des fleurs, des fontaines et de ravissantes Houris toujours vierges. Les hommes ont manifestement de la difficulté à évoquer une félicité qui ne fasse pas intervenir les sens. Saint Jean avait déjà fait miroiter la Jérusalem céleste, d'hyacinthe et d'or.

Dans les Hospices de Beaune, les mourants pouvaient contempler l'admirable triptyque du Jugement Dernier, peint par Rogier de la Pasture (Van der Weyden). Ils avaient en permanence devant les yeux l'Archange saint Michel, avec son délicat visage et sa grande balance. Ils pouvaient voir les morts émerger de terre comme des taupes sortant de leurs trous. La peur du châtiment était alors très grande : le *Dies irae,* composé par Thomas de Celano, faisait trembler les fidèles. Chacun redoutait le « Jour de colère », le moment où le livre de comptes, le *Liber Scriptus,* s'ouvrirait pour lui. Le clergé entretenait cette crainte, car il y trouvait son compte. Les riches se sentaient particulièrement en danger, leur testament débutait toujours par des « clauses pies » : legs à la paroisse, au monastère, donations en vue de messes pour le repos de l'âme, ultime placement des nantis. Les donations profanes ne venaient qu'en second lieu.

Tous participaient à l'édification des cathédrales, riches et pauvres. Même la corporation des filles de joie se cotisa pour offrir un calice à Notre-Dame de Paris. En ce temps-là, on respectait strictement le jeûne : on mit encore à mort, en 1590, un boucher qui avait vendu « de la viande en caresme ». Toutefois, on commença à accorder des dispenses aux riches (c'est ainsi que fut édifiée la magnifique « Tour de Beurre » de la cathédrale de Rouen). La superstition se mêlait à la foi : ainsi, au Dôme de Milan, on peut encore voir quelques chapeaux de cardinaux suspendus par des cordelettes à la voûte du transept. Ils ont été placés là à la mort de leurs propriétaires. La croyance populaire étant que lorsque l'usure de la corde viendrait à les faire choir, l'âme du cardinal quitterait le Purgatoire pour entrer au Paradis...

Plus encore que les Écritures, que l'enseignement lointain de Jésus, la vie des Saints pouvait servir de modèle, indiquant comment vivre et mourir pieusement. Le Christ avait joué un rôle d'intercesseur entre Dieu et les hommes; à leur tour, les mystiques faisaient fonction de relais entre le Christ et le commun des mortels. Dans son prologue à la « Nuit obscure », Jean de la Croix indique que ses poèmes sont écrits pour porter secours aux « âmes en grande nécessité ». Toute âme n'est-elle pas en grande nécessité de connaissance et d'amour!

La mort des mystiques est édifiante.

Thérèse de Jésus meurt (pour la seconde fois, pourrait-on dire) après une vie d'action de grâces bien remplie, occupée à fonder les couvents du Carmel. Dans *Vida,* son autobiographie entreprise à la demande de son confesseur, texte rédigé d'une traite sans ponctuation (et sans jamais, nous dit-elle, avoir pris le temps de se relire), Thérèse explique comment le Christ lui apparaît, lui parle, la guide. Elle conte ses « fiançailles », son « mariage mystique » avec le Seigneur. Comment les transes la saisissent, corps et âme, et comment elle se sent parfois soulevée de terre.

Certains n'ont pas manqué de taxer ces transports féminins d'hystérie. Pourtant, un homme comme Jean de la Croix a connu, lui aussi, semblables extases et ravissements. Les écrits de Thérèse ne laissent d'ailleurs place à aucune ambiguïté; ils ont la rigueur d'une auto-observation très lucide, ils ne donnent guère de prise aux interprétations freudiennes : pour Thérèse de Jésus, le rapt de l'esprit était une sorte de mort anticipée, comme si l'âme tentait de s'évader du corps pour rejoindre son Créateur. « On dirait des passages vers la mort », écrit-elle. Toute mort n'est-elle pas, en fin de compte, un rapt, un ultime ravissement?

Thérèse meurt d'hémorragies profuses, au cours d'une longue et terminale extase, le 4 octobre 1582. Serait-elle morte un jour plus tard, la date retenue eût été le 15 octobre, puisque cette année-là, pour rattraper le retard accumulé par rapport au calendrier solaire, Grégoire XIII supprima dix jours d'un seul coup. Personne ne naquit ni ne mourut dans la Chrétienté entre le 5 et le 15 octobre 1582.

Plus dramatique et tout aussi édifiante, fut la mort de Jean de la Croix, ce frêle ascète que sainte Thérèse avait rencontré deux fois, et dont elle disait : « Qu'il avait l'âme très candide et pure, qu'il était homme sans malice, nullement intrigant, et qu'il était parvenu à très haute contemplation et très grande paix. »

Jean de la Croix succomba à une infection généralisée (que nous appellerions aujourd'hui une septico-pyohémie). Les privations qu'il s'infligeait, les voyages incessants entre les divers couvents de « carmes déchaussés », qu'il avait créés avec Thérèse de Jésus, avaient ruiné sa santé.

Au cours de l'hiver 1591, il est obligé de s'arrêter en route tant les abcès le font souffrir, il ne peut plus tenir sur sa mule. Il est recueilli au couvent d'Ubed, il y est soigné avec respect et sollicitude. Il ne mange presque plus. Dès le 7 décembre, il annonce à ceux qui le gardent que, si Dieu le permet, il mourra le samedi suivant, le jour de l'Office de Notre-Dame et qu'il espère tenir jusqu'à minuit pour « aller chanter Matines au ciel ». Très affaibli et souffrant le martyre en raison des abcès qui lui interdisent tout mouvement, il reçoit le Viatique le jeudi. Le vendredi, il sort de la torpeur où il est plongé pour demander aux Frères de réciter avec lui le « De Profundis ». Alors qu'on est arrivé à la « Recommandation de l'âme », Jean de la Croix fait signe qu'on arrête; il demande qu'on lui lise quelques versets du « Cantique des Cantiques ».

« Quelles perles précieuses! », s'exclame-t-il, en entendant les paroles d'amour, si proches de son propre *Cantico.*

La nuit tombe, il est plongé dans un mélange de torpeur et d'extase, entrecoupé par des douleurs insupportables, dont il se réjouit car elles le rapprochent du Christ. Enfin les douze coups de minuit sonnent. « Frère Diégo, dit Jean de la Croix, faites signe qu'on sonne Matines, car il est déjà l'heure! », et il expire, les lèvres contre le crucifix.

Le Père Bruno de Jésus-Marie, qui nous décrit les derniers instants du saint, cite alors la première strophe de *Llama :* « Un élan, une rencontre d'amour plus excessive que celle d'autrefois, plus puissante, plus vaillante aussi, a rompu la toile déliée, mince et spiritualisée, et elle a emporté le joyau de l'âme. »

Semblables paroles d'amour, prononcées par le Christ, ou par ceux qui ont vécu à son imitation, suscitent même chez les agnostiques, l'espérance, qu'en dépit du mal, des souffrances, de l'injustice, des valeurs transcendantes existent bien quelque part dans l'Univers.

***

Autrefois, où la médecine était cruellement impuissante, le prêtre jouait le rôle dominant au moment du trépas. On comptait davantage sur les prières que sur les médications. On affirmait à celui qui souffrait dans son corps et dans son âme, que le Christ avait souffert avant lui et pour lui. Les derniers sacrements, la prière pour les agonisants, soutenaient dans l'ultime épreuve le mourant aussi bien que son entourage.

Même une pécheresse, comme Mme Bovary, y trouvait un apaisement. Emma n'était, certes, qu'un personnage de roman, mais Flaubert s'était inspiré d'un fait divers réel qui avait eu lieu dans le Pays de Caux. Il y aura toujours des Mme Bovary victimes d'amours malheureuses :

« Le prêtre trempa son pouce droit dans l'huile et commença les onctions : d'abord sur les yeux qui avaient tant convoité toutes les somptuosités terrestres; puis sur les narines, friandes de brises tièdes et de senteurs amoureuses; puis sur la bouche qui s'était ouverte pour le mensonge, qui avait gémi d'orgueil et crié dans la luxure; puis sur les mains qui se délectaient aux contacts suaves; et enfin sur la plante des pieds, si rapides autrefois quand elle courait à l'assouvissance *(sic)* de ses désirs et qui maintenant ne marcheraient plus. »

La souffrance sanctifiait. Elle ouvrait des droits à une compensation dans l'Au-Delà. « A pie in the sky », un gâteau au ciel, comme disent les Anglais. Mais n'ironisons pas, tout est bon qui apaise l'angoisse : le Christ est avec vous, il partage votre agonie, il est la Résurrection et la Gloire. La chair échappe à la décomposition, l'âme à l'anéantissement, corps et âme un jour se retrouveront. C'est promis...

Les croyants et même les hommes d'église ne sont pas cependant à l'abri de l'angoisse de la mort. « Vous avez voulu que le moment de ma mort me fût inconnu et Vous m'avez averti qu'à l'heure que je n'y penserai pas, elle viendrait tout à coup me surprendre. Faites, Ô mon Dieu, que je m'y prépare à toute heure, que je vive chaque jour, comme si ce jour devait être le dernier pour moi! », peut-on lire dans les *Heures* du cardinal de Noailles. Et Fénelon, archevêque de Cambrai, écrit : « Je comprends bien que l'âge et les infirmités vous font regarder la mort de près bien plus sérieusement que vous ne la regardiez autrement de loin. Il ne coûte presque rien de s'abandonner de loin et en passant, mais s'abandonner de près et avec un regard fixe de la mort est un grand sacrifice. Il faut vouloir sa destruction, malgré le soulèvement de la nature et l'horreur qu'elle fait éprouver. Il n'est nullement question de sentir de la joie à mourir... »

Rappelons en passant une anecdote contée par William James, celle de deux prêtres appelés par erreur pour conduire le même enterrement. A peine le premier avait-il prononcé les mots : « Je suis la Résurrection et la Vie » que le second arrive et s'écrie : « Non, c'est moi, qui suis la Résurrection et la Vie! »

La religion continue donc à proposer son secours à ceux qui croient. Tout a bien changé, cependant, depuis le temps des hospices de Beaune! Il n'y a plus aujourd'hui de crucifix dans les hôpitaux et les rares aumôniers se font discrets. Le médecin n'a pas remplacé le prêtre, il n'a aucune espérance transcendante à offrir. La crainte du mourant n'est plus que la balance penche du côté de l'Enfer, c'est celle qu'il n'y ait plus ni Jugement, ni Ciel, ni Enfer – plus rien que le néant (avec un « n » minuscule).

***

Alors quelles perspectives pour ceux qui n'ont pas le secours de la foi? Est-il possible de mourir autrement? Peut-on « apprendre à mourir philosophiquement »?

On peut du moins essayer... Chercher des modèles dans l'Antiquité : s'inspirer de la mort de Socrate, la « suivre en direct » à travers Platon, même s'il s'agit d'un récit de seconde main (car Platon souffrant n'avait pu assister à l'agonie du Maître). Volonté de Socrate de procéder lui-même à sa toilette funéraire, « pour éviter aux femmes la peine de laver un cadavre »... En fait, ce ne sont pas tellement les effets de la ciguë qui nous intéressent, mais plutôt les idées de Platon sur notre destin.

On perçoit dans le *Phédon,* aussi bien que dans le *Phèdre,* une fragile promesse d'immortalité. Platon évoque le séjour des âmes au sommet du ciel, dans l'Empyrée. L'âme y est comparée à un double attelage comprenant un cheval docile et l'autre emporté : « Les âmes pures planent au sommet du ciel dans l'Empyrée, d'autres tiraillées dans l'assemblage avec le corps retombent sur la terre pour dix mille ans, parfois moins si l'âme est celle d'un homme qui a cherché la vérité avec un cœur simple ou qui a aimé les jeunes gens d'un amour philosophique : alors à la troisième période de mille ans, l'âme reprend ses ailes et retourne vers les dieux. » Il arrive aussi que l'âme revienne dans le corps d'un animal... souvenir de la palingenèse pythagoricienne, où un retour de conscience succède au bain de l'oubli.

Tout cela, disons-le, n'est guère convaincant. D'ailleurs, après ces évocations célestes, Platon se rabat, si l'on peut dire, sur un beaucoup plus modeste espoir de survivance à travers la descendance et la postérité.

Écoutons Diotime, la seule femme à s'exprimer dans le *Phèdre,* dialogue consacré à l'amour. « L'étrangère de Mantinée » parle après que les éphèbes aient exposé la séduction des amours masculines associant le corps et l'esprit. Il lui revient de défendre l'amour physiologique, celui qui assure la continuité de l'espèce :

« Cher Socrate, dit-elle, c'est à celui qui enfante et nourrit la vertu véritable qu'il appartient d'être chéri des dieux et, si jamais homme devint immortel, de le devenir aussi. » On sent tout ce que cette assertion a de dubitatif, mais la voici sur un terrain plus solide lorsqu'elle parle de l'enfantement :

« Tous les hommes sont féconds, Socrate, selon le corps et l'esprit. Quand nous sommes en âge, notre nature sent le désir d'engendrer. L'union de l'homme et de la femme est enfantement. C'est là œuvre divine et l'être mortel participe à l'immortalité par la fécondation et la génération... Il s'ensuit que l'amour est aussi amour de l'immortalité. »

Suivent des observations si bien prises sur le vif que je ne puis résister au plaisir de les rapporter :

« N'as-tu pas observé, Socrate, dans quelle crise étrange sont tous les animaux, ceux qui volent comme ceux qui marchent, quand ils sont pris du désir d'enfanter, comme ils sont tous malades et travaillés par l'amour, d'abord au moment de s'accoupler, ensuite quand il leur faut nourrir leur progéniture; comme ils sont prêts à la défendre, même les plus faibles comme les plus forts, et à mourir pour elle; comme ils se laissent eux-mêmes torturer par la faim pour la sustenter et comme ils sont prêts à tous les sacrifices en sa faveur! A l'égard des hommes, on pourrait dire que c'est la réflexion qui les fait agir ainsi, mais pour les animaux quelle est la cause de ces dispositions si amoureuses? Pourrais-tu le dire?

Socrate ne le pouvant, Diotime reprend un peu plus loin :

« C'est encore ici le même principe d'après lequel la nature mortelle cherche toujours autant qu'elle peut la perpétuité et l'immortalité; mais elle ne le peut que par la génération, en laissant toujours un individu plus jeune à la place d'un vieux. En réalité, même dans le temps que chaque animal passe à être vivant et identique à lui-même, il n'a jamais en lui les mêmes choses; mais sans cesse il rajeunit et se dépouille, dans ses cheveux, dans ses os, dans son sang, dans tout son corps et non seulement dans son âme : mœurs, caractère, opinions, passions, plaisirs, chagrins; jamais aucune de ces choses ne reste la même en chacun de nous, mais les unes naissent les autres meurent. »

Remarquable intuition concernant le renouvellement biologique des organismes!

La discussion du *Phèdre* se poursuit sur l'intérêt du passage à la postérité. C'est le tour de parole d'Aristophane, mais un malencontreux hoquet l'empêche de s'exprimer, ce qui nous vaut les précieuses recettes du médecin Eryximaque qui méritent d'être citées, dussent-elles nous éloigner de notre sujet. Il dit : « Il faut Eryximaque, ou que tu fasses cesser mon hoquet, ou que tu parles à ma place en attendant qu'il cesse. » Notre éminent confrère répondit : « Je ferai l'un et l'autre, je répondrai à ta place et quand tu seras débarrassé de ton hoquet, tu parleras à la mienne. Maintenant, si tu veux bien, pendant que je parlerai, retenir ta respiration, peut-être en seras-tu quitte; sinon gargarise-toi avec de l'eau; si ton hoquet résiste, prends quelque chose pour te gratter le nez et te faire éternuer, et quand tu auras éternué une ou deux fois, si tenace soit ton hoquet, il passera. » Cette consultation judicieuse eut les meilleurs résultats, mais, « ceci est une autre histoire ».

La postérité n'est, en fait, qu'une prolongation toute relative. Elle est oublieuse à long terme. Les hommes ont la mémoire courte. Les « concessions » même « perpétuelles » ne durent que cent ans; après quatre générations, le souvenir des ancêtres s'estompe. Un peu de vos gènes, de plus en plus dilués au fur et à mesure des croisements, survit seulement dans votre descendance. La connaissance de notre finitude est cruelle, mais dans une certaine mesure elle valorise la vie. Pour retenir Ulysse dans son île, la nymphe Calypso lui avait offert, en sus de son amour, l'éternité. Ulysse a préféré la liberté des mortels.

A supposer qu'il y ait un Dieu, trinitaire ou non, qui se préoccupe des hommes, on peut douter qu'il les sépare en « croyants » et « incroyants ». De chaque côté se trouvent des hommes de mérite. Il n'est pas pensable que les uns aillent bénéficier d'une félicité éternelle et que les autres soient voués à la géhenne. La disproportion serait trop grande. D'ailleurs, quel sort serait réservé aux hésitants ou aux malinformés : à ceux qui ont été élevés dans d'autres religions, ou qui ont vécu avant notre ère? Je pense en particulier aux Anciens, à Épicure, aux Stoïciens.

« Familiarise-toi avec l'idée que la mort n'est rien pour nous, dit Épicure, car tout bien et tout mal résident dans la sensation; or la mort est la privation de cette dernière. Si une chose ne nous cause aucun trouble par sa présence, l'inquiétude qui est attachée à son attente est sans fondement. »

Indéniable; toutefois cela ne console pas de perdre un bien auquel nous sommes viscéralement attachés. C'est le désir d'immortalité qui selon Épicure nous gâte l'existence. Bien avant Ronsard et les poètes persans, il enseignait que la sagesse était de « cueillir dès aujourd'hui les roses de la vie ».

Lucrèce, poète lui aussi et naturaliste, fervent admirateur d'Épicure, abandonne à son tour et non sans regret tout espoir de survie :

« N'allez pas croire que des âmes puissent s'échapper de l'Achéron, ou des spectres voltiger parmi les vivants. Ne croyons pas davantage que rien puisse subsister après la mort, puisque le corps et l'âme simultanément anéantis se sont dissociés l'un et l'autre en leurs éléments respectifs. »

Les Stoïciens, plus austères, abondent dans le même sens, l'acquiescement au destin est la seule attitude digne.

« Ce qui trouble les hommes, dit Épictète, ce ne sont pas les choses mais les opinions qu'ils en ont. Par exemple la mort n'est pas un mal, mais l'opinion qu'on a de la mort est un mal, voilà le mal. Lors donc que nous sommes contrariés, troublés ou tristes, n'en accusons pas d'autres que nous-mêmes, c'est-à-dire nos opinions. »

Montaigne, émule d'Épictète, en convient : « La mort est moins à craindre que rien, s'il y avait quelque chose de moins que rien. »

Mais accepter est plus facile à dire qu'à éprouver. Épictète en avait parfaitement conscience :

« Je vois bien des hommes qui débitent les maximes des Stoïciens, mais je ne vois pas de Stoïciens. Montre-moi donc un Stoïcien, je n'en demande qu'un. Un Stoïcien, c'est-à-dire un homme qui dans la maladie se trouve heureux, qui dans le danger se trouve heureux, qui méprisé et calomnié se trouve heureux! Si tu ne peux me montrer ce Stoïcien parfait et achevé, au moins montre-m'en un qui commence à l'être. Ne frustre point un vieillard comme moi de ce grand spectacle dont j'avoue je n'ai pas encore pu jouir. »

Je trouve qu'Épictète va un peu loin, en poussant le

masochisme jusqu'à goûter le malheur. Il est déjà difficile d'accepter la condition de mortel, n'allons pas jusqu'à nous en réjouir. Mais se résigner à l'inéluctable est sage, puisque le refus ne fait qu'accroître l'insatisfaction.

Le suicide, toujours prisé au Japon, était à l'honneur chez les Anciens. Il symbolisait le courage et l'ultime liberté : en l'an 46 avant notre ère, Caton apprenant la victoire de César sur Pompée préféra la mort à la capitulation. Il plongea son épée dans sa poitrine. Un médecin mandé d'urgence fit un pansement compressif dans l'espoir d'arrêter l'hémorragie. Dès qu'il se trouva seul, Caton arracha le bandage, le saignement reprit et on le retrouva mort.

En l'année 65 avant notre ère, il y eut à Rome une pluie de suicides à l'occasion d'une conspiration manquée organisée contre Néron : Pison, l'instigateur du coup de main, s'ouvrit les veines. Trois gloires des lettres préférèrent se donner la mort plutôt que d'attendre le châtiment du tyran : Pétrone, Sénèque et son jeune neveu Lucain.

Sénèque décida de s'ouvrir les veines, il s'incisa les deux poignets; mais le sang s'arrêta bientôt de couler. Il demanda alors qu'on voulut bien lui entailler les veines du mollet. L'hémorragie se faisait toujours lente et insuffisante. Il pria donc son ami, le médecin Statius Annaeus, de lui procurer de la ciguë. Mais le poison lui-même tardait à agir. Pour en finir, il réclama en désespoir de cause d'être transporté aux thermes; c'est là, dans l'eau chaude, qu'il perdit enfin et la connaissance et la vie.

Sénèque qui, en bon Stoïcien avait souvent songé à la mort, ne s'était pas douté que son suicide serait tellement laborieux. Il n'en eut que plus de mérite. Il n'était pas soutenu, comme Socrate, par une quelconque espérance en l'immortalité de l'âme, il estimait seulement que la dignité d'homme justifiait de mourir noblement.

Marc-Aurèle avait lui aussi l'âme stoïcienne : « Que l'homme attende la mort avec sérénité, n'y voyant que la dissolution des éléments dont chaque être est constitué. Si pour les éléments, il n'y a rien de terrible à se transformer incessamment l'un en l'autre, pourquoi craindrait-on l'universelle transformation et dissolution? C'est selon la nature et rien n'est mal qui est selon la nature.

Marc-Aurèle emploie indifféremment les mots de nature ou de providence, il parle tantôt de Dieu et tantôt des dieux. Il écrit : « Quand le moment de la retraite est venu, se soumettre avec douceur, comme une olive qui, en tombant, bénit l'arbre qui l'a produite et rend grâce au rameau qui l'a portée. »

Marc-Aurèle faisait sienne la conception de Démocrite et des anciens « atomistes ». Il écrit : « Forme et matière, voici les éléments dont je suis constitué, aucun d'eux ne s'anéantira dans le non-être, comme aucun ne procède du non-être. »

Diderot * rêvera lui aussi que son corps, devenu poussière, pourrait se mêler à la future poussière de Sophie Volland, son grand amour : « Me confondre avec vous, douce chimère... »

Schopenhauer partage une conception voisine qu'il exprime avec sa fougue habituelle : « Voyons, connaissez-vous cette poussière? Savez-vous ce qu'elle est et ce qu'elle peut? Apprenez à la connaître avant de la mépriser. Cette matière qui n'est maintenant que poussière et que cendre, bientôt dissoute dans l'eau, deviendra cristal, brillera comme le métal, jaillira en étincelles... se façonnera en plantes et en animaux, et de son sein mystérieux se développera cette vie, dont la perte tourmente tant notre esprit borné. Durer sous la forme de la matière n'est-il donc rien? L'individu meurt et l'espèce est indestructible. L'individu est dans le temps, l'expression de l'espèce est hors du temps... Feuille insensée où veux-tu aller? D'où les feuilles pourraient-elles venir? Où est ce néant dont tu

* Diderot, qui aurait dit sur son lit de mort : « Je ne crois ni au Père, ni au Fils, ni à aucun membre de la famille... »

crains le gouffre? Reconnais donc ton propre être dans cette force intérieure cachée toujours agissante de l'arbre qui, à travers les générations de feuilles, ne connaît ni la naissance, ni la mort. Et maintenant l'homme n'est-il pas comme la feuille?... »

Certes, les constituants se conservent, ils se diluent dans la masse cosmique en perpétuel brassage. C'est la roue de Shiva, la conception hindouiste, chère à Schopenhauer. La survie de la matière devient un substitut de la survie de l'âme? Maigre consolation sans doute, que cette survivance élémentaire inconsciente...

Nietzsche, lui, ne s'inspire pas de l'hindouisme mais du Zoroastre, le prophète du dieu lumière des anciens Perses, « Ahura Mazda » (le « Seigneur sage »). C'est le futur Ormudz, en lutte avec son frère jumeau Ahriman, le génie du mal. Le « Jugement » devait survenir au terme d'un cycle de douze mille ans. Les Zoroastriens n'ont pu attendre jusque-là, ils ont dû fuir l'invasion musulmane. Une poignée de fidèles s'est réfugiée à Bombay. Ce sont les « Parsis » qui poursuivent en Inde leurs traditions séculaires : ils déposent leurs morts au centre des « tours de silence ». Rien n'est plus impressionnant que de voir les vautours planer en permanence, très haut, au-dessus de la ville. Ils tournent silencieusement sans un coup d'aile, attendant leur repas de chair humaine. Seule, la famille est autorisée à les voir becqueter les cadavres. Les squelettes bien nettoyés finissent par se dissoudre dans les pluies de la mousson. Celles-ci sont acheminées par des canaux jusqu'au Gange, où elles rejoignent les cendres des bûchers de Bénarès pour se mêler ensemble à l'indivis.

Le Zarathoustra de Nietzsche annonce *L'Éternel Retour.* Dans son lyrisme visionnaire et dans son délire de grandeur, le poète-philosophe prophétise l'avènement de nouvelles valeurs païennes : les forces instinctives de Dionysos mêlées à l'harmonie d'Apollon doivent donner naissance au « Surhomme » libéré des entraves judéo-chrétiennes. Hélas, le surhomme succombe dans la folie.

A l'extrême opposé de ce lyrisme, se manifestent la lucidité et le réalisme d'un Le Dantec, biologiste du début de ce siècle :

« Lorsque je mourrai, je ne serai plus rien. Disons, il n'y aura jamais plus de Le Dantec. »

Devant la perspective et la proximité du tomber de rideau, nombreux sont ceux qui masquent leur angoisse derrière l'agitation, recherchant les obligations et les honneurs. Il paraît plus sage de se détacher :

Bertrand Russell écrit, à l'âge de quatre-vingt-dix ans, dans « Portraits from memory » : « On voit des personnes âgées, oppressées par la peur de la mort. Chez les jeunes qui craignent d'être tués à la guerre et d'être frustrés de ce que la vie peut offrir de meilleur, ce sentiment est justifié. Mais chez le vieil homme qui a connu les joies et les peines humaines et a réalisé son œuvre selon ses possibilités, la peur de la mort semble quelque peu abjecte et ignoble. La meilleure façon de la surmonter, du moins me semble-t-il, est d'élargir progressivement ses centres d'intérêt, de reculer peu à peu la frontière du moi, jusqu'à confondre sa vie personnelle avec la vie universelle. »

La mort est universelle dans tous les sens du mot, et pourtant elle demeure strictement personnelle. Pour l'espèce elle n'est « presque rien », disait Yankélévitch, mais pour l'individu elle est tout, anéantissant son passé, son présent et son avenir. Celui « qui était Yankélévitch » a disparu cinq ans après avoir longuement médité sur la mort. Il avait annoncé à l'avance : « Il n'y a plus rien à savoir et plus personne pour le savoir. » Et, de fait, ni lui, ni aucun autre penseur n'ont réussi à nous rapporter d'outre-tombe un épilogue.

VII

REMARQUES TERMINALES

Au terme de cette rapide évocation de l'origine et de l'avancée du Vivant, à travers les religions, les philosophies et les sciences, je n'aurai pas la naïveté de prétendre conclure. Je voudrais seulement dégager quelques points qui me paraissent essentiels.

A l'époque où sont nées les religions, l'homme avait toutes les raisons de se considérer comme très au-dessus des autres espèces (qu'il croyait avoir été créées toutes en même temps). Il était persuadé d'être au cœur (pour ne pas dire le cœur) de l'Univers.

Il lui a fallu peu à peu déchanter. Il découvrait que la Terre était une minuscule poussière, tournant autour du soleil. Ce dernier n'était qu'une étoile parmi des milliards d'autres, pas même située au centre de notre galaxie (elle-même perdue dans un univers apparemment sans limites). Il s'apercevait qu'il n'était pas d'une essence particulière : il partageait avec les animaux et les végétaux les mêmes matériaux de base et le même code génétique. Il découvrait la filiation ininterrompue de tout ce qui vit, la complication croissante de l'Évolution, l'importance primordiale du monde végétal (négligé par les religions), sans lequel aucune vie animale n'aurait pu exister.

L'origine de la vie se trouvait progressivement reculée : plus d'un milliard d'années s'était avéré nécessaire pour la formation des premières cellules et pour l'apparition d'un noyau isolant les gènes. Puis le processus s'était accéléré. Les événements les plus marquants avaient été : l'invention de la sexualité (brassant les gènes à l'intérieur des espèces), l'apparition des vertébrés, la sortie des eaux. Au dernier quart de l'Évolution, la saga de la vie s'était grandement enrichie avec l'apparition des reptiles et des oiseaux, pour culminer avec l'épanouissement des mammifères et des primates... Troublante surprise d'apprendre tout récemment, grâce aux progrès de la biologie moléculaire, que nous partageons, nonobstant notre intelligence, plus de 97 % de nos gènes avec nos cousins les grands singes sans queue!

Il ne suffit pas de connaître avec précision, comme aujourd'hui, les étapes de l'Évolution pour réussir à en percer le mécanisme, et pour discerner vers quoi elle tend. Comment concilier, en effet, nombre de données en apparence contradictoires : unité et diversité; conservatisme et innovation (faisant coexister le nouveau et l'ancien); concurrence et concertation (prédation et symbiose); barrière sexuelle et divergence des espèces; immobilisme et improvisation?

L'adaptation évidente du Vivant à son environnement résulte d'un équilibre dynamique. La sélection naturelle darwinienne, le polymorphisme résultant de la transmission aléatoire des gènes et les modifications à long terme du génome constituent les principales forces en présence.

L'étude des séquences d'ADN révèle un étonnant polymorphisme inter-espèces et intra-espèces. L'expansion considérable du génome au cours de l'Évolution s'est accompagnée de nombreuses variations. Aux « micro-mutations » les plus anciennement connues (qui sont des variations ponctuelles), s'associent des « macro-mutations » dont la connaissance progresse. Celles-ci sont des modifications beaucoup plus profondes du matériel chromosomique, avec formation de nombreuses séquences répétitives, insertions et duplications de gènes. Cette relative mobilité et cette plasticité du génome (en dépit d'un conservatisme foncier) suggèrent que l'adaptation des espèces n'est pas seulement passive, et que l'innovation n'est pas uniquement le fruit du hasard.

Ceci dit, on ne parvient pas à distinguer un projet cohérent derrière la complexité croissante et le recyclage du Vivant (à travers la chaîne alimentaire et les échanges constants avec l'inanimé). On constate seulement une expansion globale, toutes tendances confondues. Rien n'indique, en outre, que l'Évolution soit parvenue à son terme, compte tenu de son accélération progressive au cours des cinquante millions d'années qui viennent de s'écouler.

Ce vaste mouvement d'expansion et de recyclage biologique doit être situé dans un contexte plus large, celui du brassage cosmique. Les astrophysiciens nous ont en effet appris l'existence d'un cycle stellaire : les étoiles en mourant deviennent le creuset de nouvelles molécules organiques.

L'exploration spatiale de notre système solaire a confirmé ce que l'on pressentait : seule la Terre se trouve à une distance du soleil compatible avec la vie. Il est infiniment probable qu'au sein des milliards de galaxies, nombre de planètes, situées à la bonne distance d'autres étoiles, hébergent des formes de vie. Elles se trouvent, hélas, bien trop éloignées de nous pour que nous puissions jamais espérer communiquer.

La vie humaine, ainsi appréhendée dans sa perspective biologique globale au sein du cosmos, incite à l'humilité.

La mort est un processus physiologique inéluctable. Le renouvellement des individus est la condition de la perpétuelle jeunesse des espèces (elles-mêmes mortelles). Bien plus, la vie terrestre est globalement condamnée à long terme, puisque notre planète périra le jour lointain où le soleil aura épuisé sa provision d'hydrogène.

Dans cette perspective, le fixisme judéo-chrétien et islamique apparaît peu crédible. La mouvance bouddhique serait en meilleur accord avec les recyclages biologique et cosmique, mais cette doctrine (qui n'offre ni Dieu, ni éternité personnelle) propose une transmigration des âmes biologiquement invraisemblable.

Les certitudes des religions révélées paraissent d'autant plus incertaines qu'elles s'affrontent et se neutralisent réciproquement (même les trois doctrines se réclamant d'Abraham); de surcroît, elles sont presque toutes divisées à l'intérieur par des schismes.

J'ajouterai qu'aucune de ces « révélations » ne répond à ma curiosité fondamentale concernant le passé et l'avenir du Vivant (sur Terre ou bien ailleurs). Elles ne traitent que du « salut » personnel et n'apportent aucune lumière sur la signification globale de l'Univers.

Ce n'est pas de gaieté de cœur, cependant, que l'on se prive du secours de la Foi. Notre besoin d'amour et de protection demeure très vif. Notre instinct de conservation est si fort que nous voudrions le sublimer en espérance d'immortalité. Qui de nous ne souhaiterait, comme le Bienheureux Jean de la Croix, « chanter Matines au ciel »!

Notre horreur viscérale de la mort nous a fait accueillir les technologies modernes de réanimation et de soins intensifs avec un enthousiasme qui s'avère parfois redoutable. Prolonger inutilement en milieu hospitalier les souffrances d'un cancéreux parvenu au stade terminal, ou l'agonie d'un vieillard incapable d'autonomie, apparaît non seulement absurde mais inhumain et dégradant. Le respect de la vie est d'abord celui de la liberté et de la dignité de la personne.

Si le zèle conjugué des médecins et des familles fait appréhender une prolongation indue des derniers moments, en revanche « l'après-mort » paraît beaucoup moins inquiétante. Comment craindre en effet ce qui n'est rien? comme le disaient Épicure ou Épictète. Pourquoi redouter le néant d'après, semblable au néant d'avant?

Mais à quoi bon s'attrister sur le sort commun à tout ce qui vit? L'existence individuelle n'est si précieuse que parce qu'elle est périssable. Ne nous plaignons pas! Voir le jour constitue déjà une chance insigne au sein de cette nature si prodigue de ses germes et de ses créatures. L'éphémère ne rend que plus exaltantes les entreprises des mortels, et plus ardentes les amours humaines!

Bien entendu, l'adhésion à une vision naturaliste, « à la Lucrèce », laisse entier le mystère de la signification du Vivant. La partie, hélas, ne pourra jamais saisir le Tout! Consolons-nous, car nous possédons un inestimable avantage sur les autres espèces : celui de recevoir et de transmettre, en sus de nos gènes, les acquis de la culture. Il nous est ainsi loisible de chercher et d'entreprendre. Nous pouvons nous dépasser en innovant, que ce soit pour le bien commun, ou pour l'amour de l'art, ou bien encore, tout simplement, par curiosité personnelle.

REMERCIEMENTS

Je remercie pour leurs conseils : Gilbert Brunet, Jean-Jacques Lefrère, Gérard Lucotte et Jacques Pohier, ainsi que Paula Pisier-Caucanas et Odette Cosson.

Je suis tout particulièrement reconnaissant à Jean Hamburger et à Robert Mallet de leurs critiques constructives.

Je remercie également Maurice Pestel et Michèle Baudoin pour leur contribution à la mise en pages du manuscrit.

APPENDICES

(1) Les astronomes ont recherché à quelles dates des éclipses de lune s'étaient produites entre les années 26 et 36 : ce furent le 11 avril 27, le 7 avril 30, le 3 avril 33, le 23 avril 34. Or, la Crucifixion eut lieu alors que Ponce-Pilate était procurateur de Judée, soit entre l'année 26 et l'année 36 (date de la mort de Pilate). Tacite et les Synoptiques précisent que Jésus mourut quelques heures avant le début du Sabbat qui tombait le jour de la Pâque juive. Nous savons qu'au temps de Tertullien (200 de notre ère) on pensa tout d'abord au 29 mars 29. Il y a lieu de se rapporter au calendrier hébraïque, pour chercher à quel jour du mois de Nisan se situait la pleine lune : les journées étaient comptées à partir de la tombée de la nuit. Les agneaux étaient immolés à partir du quatorzième jour du mois de Nisan, qui se situe entre mi-mars et mi-avril. La Pâque était célébrée le 15 de Nisan, dès l'apparition de la lune (en sachant que tous les trois ans lunaires, on rajoutait un treizième mois pour conserver le rythme des saisons et pour que la Pâque soit postérieure à l'équinoxe de printemps). Il s'agit donc de recouper l'année où le 14 de Nisan coïncidait avec une éclipse de lune. Trois vendredis entre les années 27 et 33 répondent à ces critères : ce sont le 11 avril 27, le 7 avril 30 et le 3 avril 33. L'année 27 est trop ancienne, si l'on se fonde sur le baptême de Jésus et sur l'assassinat de Jean-le-Baptiste. L'année 34 apparaît de même trop tardive si l'on considère la date de la conversion de saint Paul. Par élimination, deux dates restent possibles : le 7 avril 30 et le 3 avril 33. L'Évangile selon saint Jean mentionne que Jésus commença ses prédications deux Pâque avant la Crucifixion, ce qui est en faveur de l'année 33. L'astronomie recoupe cette datation :

Les Anciens connaissaient les éclipses de lune : Curtius mentionne que la lune prit la couleur du sang deux jours après qu'Alexandre eut traversé le Tibre (et l'astronomie nous apprend qu'une éclipse de lune eut effectivement lieu le 20 septembre 331 avant notre ère). De même les Actes des Saints rapportent qu'au moment où l'évêque Félix fut martyrisé, « la lune tourna en sang », (c'était le 31 août 304).

La date du 3 avril 33 avait tout d'abord été éliminée, car on croyait que l'éclipse de lune n'était pas visible de Jérusalem. Cependant des calculs plus récents et plus précis faits par deux astronomes anglais, Humphrey et Waddington, indiquent que ce jour-là une éclipse de lune était partiellement visible de la ville sainte, elle fut observable en fin d'après-midi : pendant une demi-heure, environ 20 % de la surface lunaire fut obscurcie par l'ombre de notre planète (ombre rouge du fait que ce sont les rayons rouges de plus grande longueur d'onde qui traversent préférentiellement notre atmosphère, comme lors du coucher du soleil). Cette éclipse n'est pas précisée dans les Évangiles, sauf dans une copie tardive de Luc, faisant état à tort d'une éclipse solaire (impossible puisque à la pleine lune, le soleil et la lune sont en opposition). En revanche, une éclipse aurait été mentionnée dans un rapport de Pilate à Tibère.

(2) De toutes les reliques, le linceul de Turin est de loin la plus illustre. On a pu retracer une partie du périple qu'elle a suivi : après un séjour à Constantinople en 944, on la retrouve en Asie Mineure à Édesse, comté fondé entre 1100 et 1118 lors de la première croisade par Baudoin, premier roi de Jérusalem (ce Baudoin ne doit pas être confondu avec un autre Baudoin Ier, nommé en 1204 empereur latin d'Orient par les barons de la quatrième croisade). Les croisés ramenèrent en Champagne la Sainte relique qui devint la propriété de la famille de Savoie en 1453 et fut conservée dans la Sainte-Chapelle de Chambéry. En 1578, le Saint-Suaire fut emporté à Turin où il se trouve encore.

(3) P.B. Bollone, assisté de M. Jorio et A. Massaro, ont détaché des fibres de lin prélevées au niveau de la zone appelée « ceinture de sang »; un autre prélèvement a été fait dans la partie périphérique du linceul non tachée pour servir de contrôle. De plus, un linge souillé de sang encore plus ancien, provenant d'un vase canope égyptien datant de 1200 ans avant notre ère, a été étudié en parallèle. Les méthodes immunologiques utilisées ont été celles qui sont bien codifiées en médecine légale pour l'identification des taches suspectes d'origine criminelle :

Dans un premier temps, l'utilisation d'anti-globuline plasmatique spécifique d'espèce a permis de s'assurer qu'il s'agissait bien de sécrétions d'origine humaine. Dans un second temps, on a procédé à la détermination du groupe sanguin ABO : pour ce faire on a recherché de façon comparative si les taches diluées avec du soluté physiologique réagissaient avec des échantillons de globules rouges de groupes connus : A, B, AB et O. Étude à la fois directe par agrégation et indirecte, testant la présence ou l'absence d'absorption (par les fibres tachées) d'anti-sérums anti-A, anti-B et anti-AB, convenablement dilués.

(4) Les deux antigènes A et B ne peuvent provenir d'un seul parent : les cas de transmission simultanée des deux antigènes A et B, situés sur un seul et même chromosome (« cis AB »), sont tout à fait exceptionnels, résultant d'un enjambement chromosomique.

(5) Les sectes gnostiques avaient la faveur des élites cultivées. Elles célébraient un Dieu unique et certains esprits, les Éons, en étaient considérés comme l'émanation. On perçoit dans l'Évangile de saint Matthieu une certaine influence gnostique (évocation des Éons). Flaubert évoque ces multiples sectes gnostiques, leur préciosité et leur extravagance, dans sa *Tentation de saint Antoine,* ouvrage auquel il consacra de nombreuses années de sa vie, ne cessant de le ré-écrire.

Camus a consacré (sur les conseils de son maître Jean Grenier) son diplôme d'Études supérieures à ces premiers siècles. (Il l'a intitulé : « Entre Plotin et saint Augustin ».) Il montrait comment la philosophie de Plotin, inspirée de Platon, avait imprégné les esprits et avait pu influencer saint Augustin.

(6) Eusèbe de Césarée décrit dans une lettre les martyres de Lyon :

« Nous, serviteurs du Christ, pèlerins de Vienne et de Lyon en Gaule, à nos frères d'Asie et de Phrygie qui partagent notre foi et notre espérance en la Rédemption, paix et gloire au nom de Dieu le Père et du Christ Jésus, notre Seigneur! La grandeur de la persécution qui s'est produite ici, la violence de la colère des païens contre les saints, l'endurance des bienheureux martyrs, qui pourra les dire ou les écrire? On nous a chassés de nos maisons, des bains, des places publiques et on nous a interdit de paraître dans quelque lieu que ce fût. Certains parmi nous furent arrêtés et ils durent subir les sévices innombrables que leur infligeait la foule : ils furent insultés, frappés, traînés par terre, dévêtus, lapidés, puis jetés au cachot pêle-mêle... »

« Le jour du supplice final arriva : les uns s'avançaient souriants vers le martyre, le visage rayonnant de gloire et de grâce, couverts de chaînes qui leur étaient une parure plus belle que celle des noces. Maturus, Sanctus, Blandine et Attale furent donc conduits aux bêtes dans l'arène pour servir de spectacle public et révéler l'inhumanité des païens; battus, traînés par les bêtes, soumis à tout ce qu'ordonnait un peuple en délire par ses clameurs... »

« Attale lui était romain, il fallut pour son martyre l'autorisation de Marc-Aurèle. Il fut aussi livré aux bêtes, ainsi que le médecin Alexandre qui avait soutenu les chrétiens dans leur confession. Ils périrent sur la chaise de feu rougie... »

« Quant à Blandine, fixée à un poteau, exposée aux bêtes excitées contre elle, on eût dit qu'elle était en croix. Les bêtes se détournèrent d'abord d'elle. Elle resta ainsi la dernière de tous les martyrs. Conduite une nouvelle fois à l'amphithéâtre, elle s'avança d'un pas rapide, pleine de joie et d'allégresse, comme si elle se rendait à un festin de noces et non à la torture. Après le fouet, les fauves, le gril, elle fut jetée dans un filet et livrée à un taureau qui la projeta en l'air et acheva de la faire mourir... »

(7) La doctrine de Cong-Tseu, c'est-à-dire de maître Cong ou Confucius, né en 551 av. J.-C., est contemporaine de la philosophie de Platon. Bien que la Chine ait connu l'écriture 2700 ans avant notre ère, le confucianisme chinois fut d'abord un enseignement oral comme celui de Socrate. Il est essentiellement pragmatique et se fonde sur des vertus morales et civiques : sur la justice, la piété filiale, le culte des ancêtres et de l'empereur, le respect d'une société hiérarchisée. Le Maître ne s'étend guère sur le culte du Ciel : il va de soi, il est immémorial, il ne requiert ni explication, ni formulation. Confucius demeure vénéré comme un sage par les lettrés et comme un saint par le peuple; sa mémoire subsiste en dépit de son rejet par Mao.

L'enseignement de Lao-Tseu est presque aussi ancien, puisque le « Vieux Maître » (traduction littérale de Lao ou de Lie-Tseu) n'avait que vingt ans de moins que Confucius. Mais sa doctrine ne prendra toute son importance auprès des sages et des lettrés que quelques siècles après sa mort. Cette doctrine est le Tao, « la voie », rassemblée et commentée par de nombreux disciples; elle se présente comme un recueil d'aphorismes visant à suggérer les chemins de la vérité; ces voies sont subtiles et déconcertantes, ainsi : « Le Tao est indéfinissable : c'est le nom qu'on lui donne, mais il est innommable », ou : « Savoir qu'il y a des choses qu'on ne peut connaître, voilà le sommet du savoir », ou bien encore : « On ne sait que l'on rêve qu'au moment où l'on se réveille. » Le Tao inclut les contraires et les complémentaires, tels le Yin et le Yang. Le Yin, énergie obscure, froide, négative, féminine, se combine au Yang, énergie lumineuse, chaude, positive, virile. De ces combinaisons sans cesse renouvelées, en équilibre toujours instable, résultent tous les cycles naturels et biologiques, commentés, entre autres textes, dans le livre des « transformations » (le Yi King). Cet ouvrage passionnait déjà Leibniz, et il fascinait les néognostiques tel Abellio : de la combinaison du Yang représenté par un trait et du Yin symbolisé par deux traits, résultent des triplets qui forment 64 hexagrammes. Certains y discernent une troublante homologie avec les 64 codons, formés de triplets de bases azotées, qui composent le code génétique du Vivant *(App. 33)*.

La doctrine de Confucius était une sagesse appliquée. Celle de Lao-Tseu, qui séduit les érudits, est ésotérique et volontairement frustrante, sorte d'antidoctrine pour tenter de cerner l'inaccessible, véritable remise en cause de toutes les certitudes; en somme une philosophie sceptique très abstraite dont dérive la doctrine Zen.

Dans la Chine où coexistent Confucianisme et Taoïsme, le Bouddhisme viendra se greffer sur le Taoïsme. L'âge d'or du Bouddhisme chinois se situe entre le VIe et le IXe siècle. D'innombrables temples et pagodes sont édifiés, les grottes sont décorées de fresques et de sculptures, inspirées de l'Inde, avec toutefois des caractéristiques bien chinoises privilégiant les aspects d'un Bouddha débonnaire et les figures terrifiantes de génies servant de gardiens.

De la Chine, le Bouddhisme parvint au Japon, sans remplacer

pour autant la religion des ancêtres, le Shintoïsme. Il se développa d'abord à Nara, puis au VIIIe siècle à Heian la nouvelle capitale (futur Kyoto). Les anciennes divinités locales devinrent des Bodhisattvas, de la même façon que l'Islam intégrera à son tour les prophètes bibliques. Les temples et les portiques shintoïstes voisinent avec les temples bouddhistes; les Japonais se marient dans les premiers, tandis que leurs funérailles ont lieu dans les seconds, selon le rite bouddhiste.

A partir du XIIIe siècle, deux sectes vont prendre au Japon une importance particulière, ce sont l'Amidisme et le Zen. La vénération pour Amithaba considéré comme un Bodhisattva a rencontré une grande faveur. Ceci en raison de la promesse que tout homme, qui croirait en lui, se retrouverait à son heure dernière dans le paradis d'Amida (Jamais le Bouddha Gautama n'avait dit mot d'un tel paradis!)

Le Zen, quant à lui, a gagné la faveur des intellectuels et des philosophes. Les Écoles Zen offrent une relation extrêmement subtile entre maîtres et disciples. La doctrine qui dérive du Tao eut une profonde influence sur le dépouillement de l'art et du théâtre japonais.

Le Vietnam, qui est demeuré onze siècles sous la domination chinoise, a tout naturellement adopté successivement le Confucianisme et le Taoïsme, puis le Bouddhisme, et enfin le Christianisme *. Ces doctrines sont venues s'ajouter à la religion ancestrale qui vénérait les Ancêtres ainsi que « Monsieur le Ciel ». Le calendrier solaire est celui du Yang, le calendrier lunaire est celui du Yin. Le calendrier solaire l'a emporté, mais la « Fête du Tet », jour de l'an lunaire, demeure la fête la plus importante du Vietnam : c'est la fête du printemps, du renouveau, de la rencontre féconde du Yin et du Yang, à laquelle on associe les Ancêtres.

(8) Les psychiatres éprouvent quelques difficultés à faire parfois le départ entre ferveur religieuse et certains délires mystiques d'origine psychotique. Il ne saurait être question de ramener le mysticisme à la pathologie, toutefois certains délires sont extrêmement troublants : on observe des malades qui se disent investis de mission grandiose, possédés par Dieu (comme d'autres le sont

* Joseph Nguyen Huy Lai, *La tradition religieuse spirituelle et sociale au Vietnam,* Beauchesne, Paris, 1981.

par des démons); ils vont jusqu'à s'identifier à la divinité; certains veulent s'offrir en holocauste, s'immoler. Janet s'est efforcé de tracer une ligne de démarcation entre le pathologique et le « normal » : il a cru la trouver dans le caractère social de la ferveur religieuse, qui s'opposerait à l'autisme du délirant enfermé dans sa construction personnelle qu'il ne cherche pas à communiquer. Mais pareille distinction n'est pas toujours possible : bien des mystiques se confinent dans un total isolement et perdent le contact avec leurs coreligionnaires. Heureusement, ascétisme et mysticisme se tiennent le plus souvent en deçà de ces limites extrêmes difficilement compatibles avec la vie quotidienne. Les grands mystiques conservent bien heureusement une communication avec la collectivité, soit par leurs disciples, soit par leurs écrits.

(9) Bacon distingue les « Sciences de la mémoire » (histoire des hommes, des lettres, des arts), les « Sciences de la raison » (où il place la métaphysique), les « Sciences de la nature et de l'homme (éthique, politique), enfin les « Sciences de l'imagination ». Dans la préface à cet ouvrage, il jette les bases de la méthode expérimentale. Bacon n'est pas un praticien des sciences, il recommande seulement une démarche concrète pour aborder la réalité : il s'agit d'accumuler les observations et les expériences, de classer les faits et d'en rechercher la cause, enfin de s'assurer par des expériences « cruciales » de la justesse de l'hypothèse. Ses héritiers spirituels immédiats sont Locke et Hume; ses héritiers lointains sont : Stuart-Mill qui écrira un ouvrage intitulé « Systèmes de logique déductive et inductive, exposé des principes de la preuve et des méthodes de recherche scientifique » (1843); puis, en France, Claude Bernard avec son « Introduction à la Médecine expérimentale » (1865). Claude Bernard aura sur ses prédécesseurs l'avantage et le mérite de fonder sa méthode non plus seulement sur des principes, mais sur une pratique personnelle de la physiologie.

(10) En réaction contre l'innéisme de Descartes, Locke analyse la façon dont se forme notre conception du monde extérieur : toute connaissance provient de données acquises à partir d'une expérience sensible. Même les concepts les plus abstraits sont le fruit d'un apprentissage; les « idées complexes » découlent des idées simples par suite d'association, comparaison et déduction (qui forment l'entendement). Locke ne croit pas, comme Platon ou Descartes, à l'existence transcendante d'Idées-en-soi : tout s'apprend et s'acquiert. Il distingue les essences réelles, qu'il ne faut pas confondre avec les essences nominales (conception empruntée à son prédécesseur Hobbes) : on peut en effet penser sans mots, et les mots ne reflètent pas toujours les mêmes pensées. Quant à l'existence de Dieu, il se borne à la considérer comme une probabilité située au-delà des certitudes procurées par l'expérience sensible.

(11) Heidegger approfondit la « phénoménologie » de son prédécesseur. Il s'interroge sur « l'Être de l'existant », le « Dasein », ce que Sartre appellera « l'Être-en-soi »; mais ce Dasein est une potentialité, un « pouvoir-être » (Sartre). Il doit aussi tenir compte des autres et devient un « Mitsein » (Sartre parlera de « l'Être-pour-soi », par rapport à « l'Être-en-soi »). Ce Dasein se penchant sur soi-même aboutit à une impasse et crée un sentiment d'absurdité... Tout ceci est fort abstrait et compliqué, si compliqué que la traduction en français d'un des ouvrages de Heidegger *(Acheminement vers la parole)* a nécessité seize années pour voir le jour. Le principal ouvrage du maître, qui date de 1927, *Sein und Zeit,* vient de faire en 1985 l'objet d'une querelle entre Vézin, qui depuis cinq ans s'est attelé à sa traduction (sous contrat avec Gallimard), et Martineau qui annonce une traduction « pirate » (puisqu'il ne possédait pas les droits de traduction). Plus de temps pour traduire que pour écrire un livre! Voilà qui donne une idée de la complexité de la forme et de la pensée! Ce qui n'empêche pas « l'intelligentsia » de porter aux nues cette philosophie ardue. Le moins qu'on puisse dire est qu'elle n'a pas dissipé l'obscurité de la condition humaine.

(12) L'Église fut très émue par ces révélations qui contredisaient les Écritures. En 1616, à la demande du pape Paul V, Galilée est appelé à comparaître une première fois devant la Congrégation du Saint-Office. On lui signifie de cesser de propager les idées de Copernic, aussi absurdes qu'hérétiques. Galilée demeure silencieux pendant seize années; mais, en 1632, il passe outre, et publie son *Dialogue sur les deux principaux systèmes universels.* Cet ouvrage est rédigé en italien (et non plus en latin), ce qui le rend accessible à tous. C'en est trop, il est arrêté; il ne doit d'avoir la vie sauve qu'à une humiliante rétractation publique :

« ... Je maudis et déteste mon erreur et mon hérésie... Je jure qu'à l'avenir, je ne dirai, ni n'affirmerai de vive voix ou par écrit, une doctrine contraire à la Sainte Écriture, pour avoir tenu et cru que le soleil était le centre du monde et immobile, et que la Terre n'était pas le centre et se mouvait... » La déclaration se termine ainsi : « Moi, Galileo Galilei susdit, j'ai abjuré, juré, promis et me suis obligé comme ci-dessus, en foi de quoi de ma propre main, j'ai souscrit le présent chirographe de mon abjuration et l'ai récité mot à mot, à Rome dans le couvent de la Minerve, ce 22 juin 1633. »

La Terre dut tourner longtemps encore avant que l'Église n'envisageât de procéder à une réhabilitation devenue superflue. Il mourut, confiné dans sa résidence, en 1642 : cette année-là naissait, loin de l'Italie, Isaac Newton qui allait brillamment prendre la relève, en découvrant la « gravitation universelle ».

(13) La personnalité d'Einstein est inséparable de son œuvre. Rappelons que ce Juif allemand changea trois fois de nationalité : devenu Suisse, il reprend la nationalité allemande à Berlin durant la première guerre mondiale; mais devant la montée ultérieure du Nazisme, il part aux États-Unis et est nationalisé Américain. En vérité, il n'a jamais cessé d'être un pacifiste, véritable citoyen du monde, hostile à toutes les formes d'idéologie.

Il ne fut pas un enfant précoce : il ne parla (nous apprend F. Giblin *) qu'à l'âge de quatre ans. Il était un élève distrait, il ne comprenait pas qu'il faille apprendre par cœur ce que l'on pouvait trouver dans les livres. L'un de ses professeurs lui aurait dit : « Ce qui vous manquera toujours, c'est la rigueur scientifique... » Sans doute est-ce à ce non-conformisme que nous devons l'originalité de ses conceptions.

A Zurich, il fut un étudiant dissipé, vivant dans une sorte de transe perpétuelle, passant plus de temps dans les cafés que dans les salles de cours. Il griffonnait partout des notes, méditant sur la lumière, sa structure, sa vitesse de déplacement. Il se disait que tout mouvement était relatif : si la Terre avait été seule dans l'espace, on n'aurait jamais pu savoir qu'elle tournait...

* Jean-François Giblin, A. Einstein, *Histoire d'un enfant attardé,* France-Loisirs, Antenne 2, Éditions Mengès, Paris, 1982.

Sa première publication scientifique porta sur la nature de la lumière, qu'il considérait comme de l'énergie formée de particules extrêmement ténues, que par la suite il baptisera « photons ». Lorsqu'il rapporta sa fameuse équation de la relativité $E = MC^2$ (où E est l'énergie, M, la masse, et C^2, le carré de la vitesse de la lumière), les milieux scientifiques se montrèrent d'abord incrédules. Toutefois, Henri Poincaré et Max Planck pressentirent qu'il y avait là une contribution capitale. Planck intervint avec toute son autorité au cours d'une réunion de physiciens pour dire :

« Ce jeune chercheur mérite d'être écouté. Il établit : premièrement, qu'il y a un temps et un espace particulier à chaque corps en mouvement; deuxièmement, que le temps et l'espace n'apparaissent identiques que pour deux corps animés du même mouvement; troisièmement, qu'il est possible dans cet ensemble de données relatives de dégager un rapport objectif indépendant de tout observateur et commun à toutes les observations, fondé sur une constante universelle, la vitesse de la lumière. »

Einstein est mort à l'âge de soixante-quinze ans. Son cadavre fut autopsié et l'on garda un fragment de son cerveau. Ce n'est qu'en 1985, soit trente ans après sa mort, que Marian Diamond, professeur de neuro-physiologie à Berkeley, obtint l'autorisation d'étudier quatre petits prélèvements de la cervelle du grand homme. Elle observa un excès de cellules gliales (cellules de soutien des neurones), qui n'était peut-être dû qu'à l'âge. C'est à vingt-cinq ans qu'il eût été intéressant d'obtenir des informations... Et encore! On ne peut attendre grand-chose de ce type d'investigations : la complexité individuelle des connexions entre les cellules nerveuses n'a aucune chance de pouvoir être appréciée sur des coupes histologiques. Celles-ci ne valent guère mieux que les vieilles recherches d'anthropologistes (comme Broca), qui s'étaient penchés sur le poids du cerveau des grands hommes : si l'on avait trouvé 2 000 g pour Cromwell et Byron, et 1 600 pour Kant; les cerveaux de Napoléon, Gambetta et Anatole France ne pesaient, respectivement, que 1 500, 1 250 et 1 017 g... Mais ces chiffres n'ont guère de signification, car il faut tenir compte de nombreuses variables : de l'âge, de la conservation ou non dans du formol, de la pesée faite ou non, à l'état frais, avec ou sans les enveloppes méningées!

(14) Einstein avait annoncé qu'au voisinage des corps de très forte densité, on devrait observer une courbure de l'espace. Une mission britannique conduite par Sir Arthur Eddington s'était rendue dans le golfe de Guinée pour observer une éclipse solaire. Cette éclipse ne devait durer que 302 secondes (au début un nuage passa devant le soleil, bienheureusement il disparut), on eut juste le temps de prendre seize clichés qui confirmèrent la prédiction d'Einstein.

(15) Astrophysiciens et physiciens ont dû réviser leurs étalons de mesure. Ils ont abandonné le mètre en platine iridié pour le remplacer par le trajet parcouru par la lumière en 1/299 792 458e de seconde. La commission chargée pendant la Révolution française de définir le mètre-étalon avait mesuré la dix-millionième partie du quart du méridien terrestre (appréciée entre Dunkerque et Barcelone par Delambre et Méchain). Lavoisier avait quitté sa prison pour participer aux séances de la commission, ce qui ne l'empêcha pas d'être guillotiné le 8 mai 1794, en tant que fermier général (La République « n'avait pas besoin de savants »...).

(16) Cette conception repose sur le décalage vers le rouge du spectre de la lumière émise par les galaxies en mouvement, décalage d'autant plus important que la galaxie est plus lointaine (Edwin Humble, 1920). Cette déviation est pour les longueurs d'ondes lumineuses l'analogue de l'effet décrit par Doppler pour les longueurs d'ondes sonores émises par un corps en mouvement. La découverte en 1965 d'un rayonnement « fossile », ayant 3 degrés Kelvin, semblable à celui émis par un corps noir, serait un témoin de cette explosion initiale. La proportion uniforme d'hélium par rapport à l'hydrogène dans l'ensemble des nébuleuses, ainsi que les proportions relatives de certains isotopes, confirment ce grand « Boum » d'il y a environ 15 milliards d'années.

(17) La fusion thermonucléaire donne naissance à des noyaux de plus en plus lourds, qui seront projetés très loin dans l'espace interstellaire, au moment de l'explosion finale de la « supernova ». On a d'abord considéré l'hélium comme un gaz propre au soleil (d'où son nom); en fait, il est aussi ubiquitaire que l'hydrogène dont il provient par condensation de quatre noyaux.

Au cours de l'évolution des « géantes rouges », on observe la fusion de l'hélium en carbone, puis en oxygène (par fusion des noyaux d'hélium et de carbone). Dans les étoiles « super-géantes », la fusion se poursuit, en même temps que décroît la température : deux noyaux de carbone peuvent donner naissance à du magnésium, et deux noyaux d'oxygène peuvent se condenser en un noyau de soufre. Lorsque la température continue de décroître, les noyaux attirent, en fonction de leur masse et de leur charge, une ou plusieurs couronnes d'électrons, caractéristiques de chaque atome : ainsi se forment, calcium, magnésium, titane, silicates, oxydes métalliques..., etc. Si, au moment de sa formation, le nucléon d'un atome contient un excès de neutrons par rapport aux protons (et aux électrons satellites), l'atome est instable : c'est un élément radioactif, qui se dégrade en une période de temps remarquablement constante, allant, selon les isotopes, de fractions de secondes à plusieurs centaines de milliers d'années.

(18) Les scientifiques, non découragés, tentent depuis les années 1970, de détecter des signaux provenant de l'Univers, en « écoutant » le ciel à l'aide de radio-télescopes géants. Malgré beaucoup de réticences, la NASA a renouvelé en 1983 des contrats avec deux laboratoires américains, en tablant sur une sélection par ordinateur des millions de signaux émanant des sources radio-électriques célestes (pour les distinguer en particulier des émissions rythmées des pulsars). La recherche est centrée sur les longueurs d'ondes voisines de 21,5 cm (longueur d'onde de l'hydrogène, considérée comme universelle).

(19) Cette atmosphère primitive ne contenait ni oxygène, ni ozone ; le rayonnement ultraviolet solaire pouvait frapper la surface de la masse liquide alors très peu salée. Dans ce bouillon originel, ont dû se former les premiers composés organiques solubles : acides organiques simples, bases azotées, acides aminés, hydrates de carbone. Vers 1930, John Haldane en Angleterre et Alexandre Oparin en URSS, avancèrent que la vie avait fait son apparition dans cette « soupe organique chaude », par enchaînement des acides aminés en macromolécules, carbone et azote issus de l'atmosphère se combinant à l'hydrogène et l'oxygène de l'eau.

On est effectivement parvenu à produire au laboratoire (Miller) des acides aminés à partir de composants organiques de base, en présence de rayons ionisants ou de décharges électriques. Par ailleurs, il est possible d'obtenir des émulsions formées de molécules hydrophobes (lipidiques) capables d'inclure des peptides et des polymères solubles. Ce sont des gouttelettes microscopiques, ou « coacervats », qui sont les éventuels précurseurs des membranes organiques des êtres vivants. Ces micro-enveloppes lipidiques, encore nommées « liposomes », connaissent d'ailleurs un regain actuel d'intérêt : il est en effet possible de préparer des microsphères de phospolipides de toutes tailles et de toutes épaisseurs, susceptibles de nombreuses applications biologiques (en thérapeutique comme véhicules-retard de médicaments, ou au laboratoire comme réactifs).

(20) Récapitulons les grandes lignes de cette évolution, comme un compte à rebours, à partir de la poétique algue bleue :

Moins deux milliards d'années : développement des unicellulaires autotrophes, puis des hétérotrophes, c'est-à-dire des protozoaires. On a découvert des « Acritarches » microfossiles, vieux de 1,4 milliard d'années, premiers eucaryotes (unicellulaires à noyau) succédant aux cyanobactéries autotrophes du plancton.

L'apparition, au Précambrien, d'organismes pluricellulaires fut un événement marquant. Au tout début, ce furent des colonies cellulaires des plus élémentaires : simple tube fait d'un double feuillet en forme de doigt de gant; les éponges et les méduses en dérivent.

Un grand pas dans la complexité se traduisit par l'apparition d'un troisième feuillet : le « mésoderme », riche en potentialité, qui sera plus tard la matrice du squelette des vertébrés. Ces « métazoaires », à trois feuillets, comprennent : des vers sans cavité cœlomique; les uns, tels les douves ou les ténias, sont devenus des parasites; les autres, les planaires, poursuivent une existence libre dans l'eau douce; lorsqu'on les coupe, ils jouissent de la merveilleuse faculté de régénérer l'organisme tout entier!

Moins 600 millions d'années : c'est le Cambrien, le début de l'ère primaire, qui voit apparaître des pluricellulaires végétaux et animaux. Les oursins succèdent aux annélides et les arthropodes vont foisonner : crustacés et insectes, qui viennent occuper d'innombrables niches écologiques, se différenciant en centaines de milliers d'espèces.

Les trilobites sont les plus vieux arthropodes aquatiques. Le

« Limulus » en dérive directement ; malgré sa cuirasse et ses caractéristiques très archaïques, il est devenu une créature familière dans les laboratoires contrôlant les solutés injectables. Cette créature bizarre a passé tranquillement des centaines de millions d'années au fond des mers, avant qu'on ne découvre tout récemment que son plasma avait la précieuse propriété de se gélifier en présence de traces de « polysaccharides » d'origine bactérienne, responsables de réactions fébriles (pyrogéniques). Bien qu'on ne puisse encore abandonner l'injection au lapin pour détecter la présence de substances pyrogènes dans les solutions injectables à l'homme, le « test du Limulus » rend, dès à présent, des services considérables, car il a l'avantage de pouvoir être pratiqué *in vitro*.

(21) L'apparition des « Prochordés » fut d'abord modeste sous la forme de l'Amphioxus, précurseur des innombrables espèces de poissons. Pendant des centaines de millions d'années, ceux-ci se sont satisfaits du milieu aquatique, en s'adaptant à la salinité croissante des mers. Les premiers poissons étaient cuirassés comme les arthropodes, et dépourvus de mâchoires (agnathes) ; la lamproie demeure de nos jours un fossile vivant très prisé des généticiens.

(22) Un fossile d'amphibien terrestre vient d'être découvert en Écosse, près d'Édimbourg, dans un gisement de schistes bitumeux datant de 340 millions d'années ; cette découverte permet ainsi de reculer la date de sortie des eaux de près de 100 millions d'années (jusque-là, on pensait qu'il n'existait au carbonifère que des amphibiens strictement aquatiques).

(23) Tous les animaux terrestres en demeurent tributaires, puisque l'eau forme le composant très largement majoritaire de tous les êtres vivants. Nos cellules baignent dans une mer intérieure, souvenir de cette vie antérieure. L'oxygène est extrait de l'eau par des branchies, ou de l'air par des poumons, pour être transporté aux tissus. La suroxygénation est toutefois nocive pour les cellules, aussi un système d'enzymes réductrices protège contre la formation de « peroxydes » (radicaux libres très toxiques), auxquels on attribue un rôle dans le vieillissement.

(24) L'Ère Secondaire fut essentiellement celle des reptiles dans le règne animal, et celle des conifères dans le règne végétal.

Les fougères géantes et les forêts de résineux couvraient le globe, y compris des régions aujourd'hui désertiques comme le Sahara, dont on extrait du pétrole, reliquat d'une végétation fossile.

Les reptiles, innombrables et variés envahirent toutes les niches écologiques : les eaux, la terre, et les airs. Nous ne voyons que les gagnants de la sélection naturelle, ceux qui ont réussi à traverser sans encombre les bouleversements géologiques et climatiques. Des grands reptiles, ne subsistent que les tortues géantes, les crocodiles, les iguanes géants des Galapagos, le Varan (ou lézard géant de Java)... Les monstres, herbivores ou carnivores, qui ont autrefois peuplé la planète (Dinosaures, Ichtyosaures, Ptérosaures...) se sont, Dieu merci, perdus en route, victimes de leur gigantisme. La brusque disparition de ces créatures cauchemardesques, à la fin du Secondaire, il y a 65 millions d'années, a fait l'objet d'innombrables spéculations : catastrophe cosmique, assèchement des marais, brusque refroidissement?...

(25) Les premiers et les plus anciens mammifères pondent encore des œufs : ce sont les « Protothériens », qui se distinguent des reptiles par leurs mandibules. Leurs derniers représentants : Ornithorynques, Fourmiliers à épines, vivent encore en Australie, continent isolé, où se sont développés les Marsupiaux, premiers mammifères vivipares à placenta. Le stage intra-utérin est alors bref, relayé par le séjour dans le sac ventral où se hisse le minuscule embryon aveugle, pour s'amarrer à la mamelle, cet organe qui donnera son nom à la grande famille des mammifères, promise à un brillant avenir. Le séjour intra-utérin en se prolongeant va permettre un développement embryonnaire protégé, favorisant une maturation cérébrale plus poussée.

(26) Les formes végétales comprennent beaucoup de sous-espèces et de variétés : ainsi, il existe 700 variétés de bambous, dont certaines croissent d'un mètre en 24 heures.

(26bis) Sur environ 250 000 espèces d'angiospermes (dont l'ovule est enclos), 10 % seulement sont fertilisées par le vent, 90 % par des insectes vecteurs. Si les insectes orientent la fécondation par leur préférence, le pollen confié au vent doit être reconnu par son partenaire. Ceci suppose une maturation synchrone des ovaires, mais aussi des récepteurs spécifiques à l'endroit du stigmate, compatibles avec les marqueurs de surface des grains de pollen, dont chacun possède sa morphologie propre. Les mésalliances ne sont pas à craindre : l'espèce est précisément définie par sa barrière reproductive, qui se traduit par le refus que l'ovule oppose à l'entrée de tout gamète mâle n'ayant pas la même composition chromosomique que la sienne.

(27) On est stupéfait par la perfection du monde des insectes : petites merveilles de précision, admirables mécaniques miniaturisées. La libellule bleue a conservé sa longue voilure archaïque légère et transparente, vibrant au rythme de 100 à 1 000 battements à la seconde, qui lui permet la haute voltige, seule ou en tandem lors de l'accouplement. Les abeilles comptent 20 000 espèces : nous pensons immédiatement aux grandes sociétés organisées; en fait, 85 % des espèces d'abeilles sont solitaires. Elles jouent un rôle essentiel dans la pollinisation des plantes sauvages. Ces solitaires ne s'accouplent qu'une seule fois : la femelle creuse dans la terre une galerie, dépose un peu de miel, puis pond un ou plusieurs œufs. Elle mourra sans assister à la naissance de sa progéniture, sans même en prendre conscience. Les orphelins de naissance en feront de même à leur tour. Ainsi, les générations se succèdent sans se connaître!

Les mouches sont, quant à elles, championnes d'agilité et de prestesse; elles ont transformé les ailes postérieures de leurs ancêtres en petits ailerons de direction et de stabilisation, et elles jouissent d'une remarquable vision panoramique.

Les araignées sont au nombre de 12 000 espèces : la plupart vivent dans la nature, loin de nos maisons; elles sont de petite taille et abritent leur progéniture dans de minuscules nids de soie suspendus aux herbes. Lorsque les nids s'ouvrent à l'automne, les bébés-araignées s'envolent, accrochés au premier fil qu'ils ont sécrété : ce sont les « fils de la Vierge » qui scintillent au couchant, célébrant poétiquement ces innombrables naissances.

La Gerris une « araignée d'eau » (qui est d'ailleurs une variété de punaise) patine sur le miroir des étangs : elle a trouvé l'utilisation d'une matière cireuse hydrophobe (quelques gouttes de détergent dans l'eau et voici qu'elle coule). L'Argyronète (une araignée véritable) a inventé la cloche à plongeur : sous un petit sac imperméable qu'elle a tissé, elle renouvelle au fond de l'étang l'air pour sa progéniture...

(28) La distinction se fonde sur le volume crânien, l'emplacement et l'horizontalité du trou occipital, le développement frontal, l'ensellure lombaire et surtout la forme des arcades dentaires et des dents... Des caractéristiques intermédiaires rendent souvent la classification difficile et quelque peu arbitraire, d'autant que le dimorphisme sexuel fait apparaître le mâle plus simien que la femelle. Mais il n'est pas très important de savoir si l'ancêtre commun du genre « Proconsul », vivant il y a environ 20 millions d'années en Afrique orientale, était un singe ou déjà un homme en puissance : ces primates marchaient à quatre pattes sur la paume des mains et non pas en prenant appui sur le dos des dernières phalanges du membre supérieur comme le gorille et l'orang-outan.

(29) Le continent africain à la dérive est venu heurter il y a 17 millions d'années le continent euro-asiatique, permettant une large distribution des premiers anthropopithèques (Dryopithèques, Sivapithèques de grande taille et Ramapithèques de petite taille). Les spécialistes discutent encore sur le point de savoir si l'orang-outan s'est séparé des Sivapithèques, il y a une dizaine de millions d'années, ou bien s'il est un Sivapithèque conservé jusqu'à nous.

Le récent ouvrage de D. Johanson et M. Edey * nous retrace, avec talent, les débuts difficiles de la paléo-anthropologie des hominidés. En dépit d'un titre un peu « racoleur » : *Lucy une jeune femme de 3 500 000 ans* (puisque la conclusion sera que Lucy n'appartient pas encore au genre Homo, mais à celui des Australopithèques), ce livre se lit avec autant de plaisir que d'intérêt. Le nom d'Australopithecus africanus a été donné au premier hominidé découvert en Afrique australe. Son âge a reculé au fur et à mesure de la découverte de restes osseux et du progrès des datations (par la méthode au potassium-argon). Alors que les restes d'un Australopithèque, un enfant vieux d'environ 2,5 millions d'années, étaient découverts en Afrique du Sud, d'autres Australopithèques étaient découverts près des Lac Vic-

* Donald Johanson et Maitland Edey, *Lucy une jeune femme de 3 500 000 ans,* Robert Laffont, Paris, 1983.

toria et Turkana au Kenya, en Afrique orientale. Des fouilles dans le triangle de l'Afar en Éthiopie ont permis à une mission franco-américaine de découvrir les restes de « Lucy », ainsi que de plusieurs autres hominidés.

« Lucy » (ainsi baptisée, en l'honneur d'une chanson des Beatles), est de très petite taille. Comme ses congénères, elle se distingue des singes anthropoïdes, non pas tant par le crâne qui est encore très simien, mais par la station totalement verticale, attestée par la forme du bassin, l'obliquité des fémurs et un gros orteil qui n'est plus opposable (« le pied cesse d'être préhensile »). Enfin, sa dentition est sans conteste déjà humaine. Mentionnons, au passage, l'ahurissante supercherie qui eut lieu à Piltdown en Angleterre, où l'on avait enfoui un crâne humain à côté d'une mâchoire de gorille, dont (ainsi qu'on allait le découvrir plus tard) on avait limé les molaires afin de tromper les spécialistes! A cause de ce montage, on crut tout d'abord que l'hominisation avait intéressé le crâne avant la dentition et le bassin ; nous savons maintenant que c'est l'inverse qui est vrai.

Ces très anciens hominidés furent baptisés « Australopithecus afarensis », en raison de leur provenance géographique (de l'Afar). C'est non loin de là que l'on trouva les restes d'un « Homo habilis », vieux de deux millions d'années, ayant une capacité crânienne de 700 ml, intermédiaire entre celle des Australopithèques (500 ml), et celle de l'« Homo erectus », qui atteint 1 000 ml.

Ainsi, le développement du crâne a succédé à la station verticale, elle est peut-être secondaire à la configuration du bassin (permettant l'accouchement d'enfants à grosse tête). A la différence de l'Australopithèque, l'Homo utilisait des pierres taillées comme outils et connaissait le feu.

(30) L'étude des groupes sanguins chez les primates a été faite en France par J. Ruffié et ses collaborateurs * et aux États-Unis par l'équipe de A. Wiener. Les plus anciens primates, les lémuriens, possédaient déjà un antigène soluble caractérisant le groupe B. Les singes à queue, qui leur ont succédé, sécrètent les facteurs A, B et H, comme les humains dits « sécréteurs ». Chez les Pongidés sans queue (singes anthropoïdes), on trouve au

* Wadyslaw Socha et Jacques Ruffié, *Place des primates dans le règne animal,* Alan Riss. New York, 1983.

niveau des globules rouges, comme chez l'homme, les antigènes A ou B qui sont « dominants » par rapport à O. Le système de groupe appelé MN, absent chez les lémuriens, est présent chez les gibbons, singes à queue qui ont divergé il y a 20 millions d'années. Seuls, le Macacus Rhésus, les Pongidés et l'Homo, possèdent des antigènes du système Rhésus; ceux du chimpanzé et du gorille sont très proches de celui de l'homme, ceux de l'orang-outan sont incomplets.

Notons, à l'intérieur de chaque espèce de primate, et en particulier de l'espèce humaine, un polymorphisme important des protéines sériques, des groupes tissulaires et des antigènes portés par les globules rouges. Des différences s'observent, non seulement entre les principales races humaines, mais au sein des populations de la même race. Certains isolats sont caractérisés par une prédominance d'un caractère rare, ou par l'absence d'autres très courants. C'est ainsi qu'on observe une plus grande fréquence du groupe O chez les Indiens d'Amérique centrale, du groupe A chez les Scandinaves, du groupe B en Asie centrale. Les Basques ont la plus grande proportion de sujets Rh négatifs, alors que les Africains et les Asiatiques sont pratiquement tous Rh positifs. Si l'étude de ces marqueurs permet de reconstituer certains flux de populations, elle révèle surtout un grand brassage au sein de l'espèce humaine.

(31) Dutillaux a comparé les chromosomes des primates et des rongeurs, espèces qui ont divergé il y a 70 à 80 millions d'années : les rongeurs ont 24 paires de chromosomes comme les primates, à l'exception de l'homme qui en possède 23. De Grouchy * a comparé le caryotype de l'homme et celui des grands singes anthropoïdes. L'homme n'a que trois paires de chromosomes acrocentriques, alors que gorille et chimpanzé en ont quatre. Il existe bien quelques autres différences, mais elles ne portent que sur environ 2 % seulement du caryotype.

L'espèce humaine dérive sans doute d'un ancêtre commun aux grands singes et aux hominidés; la divergence a pu résulter d'un double remaniement chromosomique chez des parents consanguins. Toutefois l'Australopithèque, puis l'Homo erectus ont été découverts dans des continents et des emplacements très

* Jean de Grouchy, *De la naissance des espèces aux aberrations de la vie*, Robert Laffont, Paris, 1978.

éloignés. Par ailleurs, de tels remaniements s'avèrent généralement défavorables et sont habituellement cause de mort fœtale ou bien d'arriération mentale (comme dans le mongolisme, ou trisomie 21 découverte par Lejeune et Turpin). Notons, au passage, qu'une trisomie 21 a été observée chez un bébé-gorille et chez un jeune chimpanzé (ce dernier avait un retard de développement et une malformation cardiaque, comme on en voit chez les humains).

(32) Les techniques de purification des protéines ont permis l'obtention de préparations de plus en plus purifiées. Des appareils au fonctionnement automatisé ont rendu possible la détermination des séquences peptidiques (enchaînement d'acides aminés) constituant la structure primaire de toute protéine. Des séquences de petites peptides (comme les kinines) composés de 10 à 30 acides aminés furent les premières établies; puis celles de protéines de petite taille comme l'insuline. Il fut bientôt possible de connaître la structure de protéines ayant des poids moléculaires de l'ordre de 60 à 70 000 (albumine, prothrombine...). Les séquences de grandes protéines (poids moléculaire supérieur à 120 000) ayant une haute importance physiologique (immunoglobulines, facteur VIII anti-hémophilique) sont à présent connues. Il devient même possible de déduire avec une bonne approximation la séquence en acides aminés d'une protéine à partir de la séquence en nucléotides du gène qui la code.

L'enzymologie a de son côté brillamment progressé, aboutissant à la connaissance approfondie des « sites actifs » et des interactions enzymes-substrats. Les enzymes sont des protéines constituant des outils de précision : elles comportent des antennes pour la reconnaissance de leur substrat (permettant leur positionnement et leur amarrage); des ciseaux pour couper électivement certaines liaisons entre acides aminés de la chaîne peptidique (ou bien entre nucléotides de la chaîne d'ADN). D'autres enzymes sont capables de réparer les coupures, ou d'établir de nouvelles liaisons, au niveau des chaînes de peptides ou de nucléotides.

(33) En 1951, Crick et Watson établissent la structure de l'ADN. Il s'agit d'une double hélice en forme d'échelle, dont les montants sont formés d'un sucre (le désoxyribose) et d'acide phosphorique. Les barreaux de l'échelle sont des couples de bases azotées, appariées deux à deux et complémentaires : une paire Adénine-Thymine (A/T) et une paire Guanine-Cytosine (G/C).

Le ribosome, lieu de synthèse des protéines, est situé dans le cytoplasme des cellules. C'est là que les acides aminés sont assemblés pour former une séquence peptidique.

La liaison entre l'information contenue dans l'ADN (situé dans le noyau) et la chaîne de montage (située dans le cytoplasme) est assurée par une copie complémentaire d'ARN, dit « messager » (Lwoff, Jacob et Monod).

L'ARN (acide ribonucléique) diffère de l'ADN (acide désoxyribonucléique) par trois éléments essentiels : le sucre est un pentose régulier; l'uracile remplace la thymine de l'ADN (elle est complémentaire de l'adénine); l'ARN est « simple brin », il est l'image en miroir d'un seul montant de l'échelle d'ADN, dont il forme une copie complémentaire. Le double-brin d'ADN s'ouvre comme une fermeture Éclair, lors de la division cellulaire, et les brins isolés se réapparient en double-brin dans les cellules filles.

Il existe, à côté de l'ARN « messager », deux autres ARN participant à l'assemblage des acides aminés en chaîne de protéine : il s'agit de l'ARN « de transfert » et de l'ARN « ribosomal ».

On est parvenu, dans les années 60, à déchiffrer le code génétique, c'est-à-dire à établir la correspondance entre la séquence des nucléotides et celle des acides aminés. Un « nucléotide » est défini par l'ensemble moléculaire : base azotée-sucre-acide phosphorique. ADN et ARN sont des polynucléotides, c'est-à-dire de longues séquences de nucléotides (ou paires de bases) formant une succession de « codons ». Ce sont des triplets formés de 3 des 4 lettres disponibles (ATGC pour l'ADN, AUGC pour l'ARN).

Le code comporte 64 combinaisons théoriques possibles codant pour des acides aminés, sauf trois que la nature a utilisé comme signal de fin de transcription. Ces 3 « codons-stop » sont : UAA, UAG et UGA. Deux acides aminés sont commandés par un unique codon, ce sont respectivement le tryptophane (UGG) et la méthionine (AUG). De tels codons « univoques » sont très précieux pour établir une comparaison directe entre une séquence de nucléotides et la séquence d'acides aminés qui lui correspond.

Il est intéressant de noter que le triplet AUG ne se borne pas à coder pour la méthionine, il fonctionne en outre comme codon de départ de traduction; il ne faudrait pas en déduire que toutes les protéines commencent par une méthionine : le signal de fin de traduction déclenche l'élimination de la méthionine qui a servi d'amorce à la synthèse et la libération de la protéine (en même temps que la dissociation en deux sous-unités de cette tête de lecture mobile que constitue le ribosome). Ajoutons qu'une même séquence d'ARN messager est lue par plusieurs ribosomes qui s'associent pour synthétiser le même peptide.

Les 18 autres acides aminés constitutifs des protéines sont codés chacun par deux ou plusieurs codons (jusqu'à six codons pour la seule leucine). On les appelle des codons « synonymes », c'est à eux que le code doit d'être « redondant » (l'on dit aussi « dégénéré »); c'est essentiellement la troisième lettre du triplet qui est responsable de la « synonymie ».

(34) Le gène le plus grand, parmi ceux qui nous sont connus, est celui du facteur anti-hémophilique A (facteur VIII). Deux équipes de chercheurs ont publié, en 1984, les détails concordants sur sa structure : sur 186 kilobases, seulement 9 kilobases sont exprimées, soit 5 % du gène. Ces exons, au nombre de 26, sont répartis tout au long du gène : le plus petit comporte seulement 69 paires de base, le plus grand 3 106. L'ensemble code pour une molécule d'une taille voisine de 300 000, formée de 2 351 acides aminés, dont l'entière séquence est aujourd'hui connue.

Une telle performance aurait parue inimaginable il y a seulement dix ans! La connaissance de ce complexe génique permet de préparer, dès à présent, des « sondes d'ADN » marquées par des radio-éléments permettant le diagnostic anté-natal de l'hémophilie et l'interruption de la grossesse en cas de fœtus mâle atteint. Par ailleurs, un facteur VIII « de recombinaison » fait actuellement l'objet d'essais thérapeutiques à Chapel Hill aux USA.

(35) A côté de l'ADN du noyau, existe une forme d'ADN plus archaïque, située dans le cytoplasme, au niveau des mitochondries (principale source de combustion et d'énergie de la cellule). L'ADN « mitochondrial » est un anneau de nucléotides, qui évoque les « plasmides » des bactéries. Trois particularités opposent cette variété d'ADN à l'ADN nucléaire : son origine strictement maternelle; le fait que la totalité est traduite chez les mammifères (il ne possède pas d'introns), enfin sa remarquable conservation de taille au cours de l'évolution (16 à 18 kilobases), alors que l'ADN nucléaire s'est trouvé, nous l'avons vu, multiplié par 100 ou par 1 000.

Le code est le même pour l'ADN mitochondrial et pour l'ADN du noyau. Tout au plus, a-t-on noté quelques nuances : les codons commençant par CU produisent de la leucine au niveau du noyau, mais de la thréonine à l'endroit de la mitochondrie; les codons UGA sont lus différemment au niveau du noyau (leucine), ou de la mitochondrie (thréonine). Levures et champignons lisent les codons UGA différemment des organismes supérieurs; enfin chez la paramécie (protozoaire cilié très répandu), deux des codons-stop habituels, CAA et CAG, codent pour la glutamine. Ceci n'enlève rien à l'universalité du code, mais atteste seulement de son évolution.

(36) Certains virus à ADN, virus d'Epstein-Barr, virus de l'hépatite B, sont capables de s'intégrer à l'ADN des cellules de l'hôte et de provoquer : le premier un cancer du système lymphoïde, le second un cancer du foie. Le plus ancien exemple de cancer causé par un « rétrovirus » concerne le sarcome du poulet, décrit au début du siècle par Peyton Rous, suivi en 1950 par celui de la leucémie de la souris. En 1978, Robert Gallo a mis en cause, dans certaines leucémies humaines à lymphocytes T, un rétrovirus (HTLV-I). Ces rétrovirus à ARN sont en mesure de susciter dans la cellule-hôte, grâce à une enzyme (la « transcriptase reverse ») une copie d'ADN complémentaire capable de s'incorporer dans le génome de la cellule contaminée. De tels rétrovirus sont à l'origine du syndrome immunodéficitaire acquis (SIDA). Dans cette maladie, les lymphocytes T4 sont la cible du virus (LAV/HTLV III) *. Il en résulte une atteinte profonde des défenses d'immunité cellulaire et par voie de conséquence des infections à répétition.

Par ailleurs des rétrovirus sont susceptibles d'introduire des promoteurs ou des dérépresseurs d'« oncogènes » qui sont voisins des gènes de croissance, de cicatrisation, ou de développement embryonnaire, normalement présents dans le génome. L'activation de ces oncogènes (gènes tumoraux) paraît impliquée dans

* Appelé aujourd'hui HIV (Human Immunodeficiency Virus).

la cancérogénèse, tel le virus Papova dans certains cancers du col de l'utérus.

(37) La technique employée pour l'isolement du gène choisi varie selon que l'on peut extraire ou non l'ARN messager spécifique parmi l'ensemble des « messagers » produits par l'organe qui fabrique la protéine visée : pancréas pour l'insuline, foie pour l'albumine... Si l'ARN messager ne peut être isolé, on peut faire appel à des fragments obtenus par synthèse d'ADN complémentaire, ce qui suppose la connaissance d'au moins une partie de la séquence protéique. Il faut disposer par ailleurs d'une culture de micro-organismes, tels que le colibacille *(Escherichia coli).* Toutefois, on fait de plus en plus souvent appel à des levures, qui sont capables d'attacher des sucres aux protéines (le plus souvent glycosylées à l'état physiologique). La « levure de boulanger » *(Saccharomyces cerevisiae)* se reproduit rapidement par bourgeonnement, entre 25 et 40 degrés, dans des cuves de fermentation. On insère plusieurs plasmides « recombinés » par cellule de levure.

C'est ainsi que l'on prépare un vaccin contre l'hépatite B, en n'utilisant que le fragment de gène du virus qui code pour l'enveloppe virale. Un tel vaccin devrait être plus sûr et moins onéreux que l'actuel vaccin préparé à partir de plasmas provenant de porteurs humains du virus. Il permettrait d'être administré aux enfants du Tiers Monde, les plus exposés à la contamination, et devrait prévenir un certain nombre de cancers du foie qui se développent à l'âge adulte chez des sujets contaminés très jeunes.

Des cultures de cellules provenant de tissus animaux (poumon, rein...), « éternisées » par un virus oncogène, peuvent également être « transfectées », c'est-à-dire recevoir la greffe du gène que l'on désire amplifier et faire produire *in vitro.* Il faut pour cela disposer d'un vecteur, qui peut être un plasmide ou un bactériophage. Dans les deux cas, il s'agit d'un ADN circulaire où l'on insère le gène au moyen d'enzymes de restriction d'origine bactérienne (on en connaît actuellement plus de 300 variétés). Ces enzymes coupent la chaîne de nucléotides à des emplacements connus. On introduit en amont un ou plusieurs « promoteurs » pour assurer l'expression du gène, et quelque part ailleurs, un marqueur (tel un gène de résistance à la kanamycine) afin de pouvoir repérer les clones de micro-organismes « transfectés » parmi les souches exprimant le gène. Les « épissures » entre les fragments d'ADN sont faites avec d'autres enzymes, appelées ligases : enzymes d'origine bactérienne capables de réparer les coupures nucléotidiques. Il reste alors deux points cruciaux : amplifier la souche, puis exprimer le gène, c'est-à-dire produire *in vitro*, en fermenteur industriel, la protéine humaine. Il est ensuite nécessaire de la purifier en la séparant des produits issus des cellules et du milieu de culture.

Il s'agit donc d'une entreprise de longue haleine, qui recèle bien des difficultés. De l'insuline de recombinaison génétique a été commercialisée la première au bout de sept années d'efforts. Toutefois, elle se trouve en concurrence avec un produit semi-synthétique scandinave, qui est une insuline de porc « humanisée » par substitution d'une alanine à une thréonine (acide aminé qui différencie l'insuline de porc de l'insuline humaine).

Il est difficile d'estimer, pour l'instant, le prix de revient d'une « protéine humaine de recombinaison » et de le comparer à celui d'une protéine d'extraction, tant la part de recherches préliminaires pèse lourd dans la mise au point d'un tel produit. Une inconnue concerne, de plus, la stabilité à long terme des souches (aussi conserve-t-on, à très basse température, des échantillons de la souche recombinée, au cas où des mutations ou des délétions géniques se produiraient).

Il s'agit ainsi d'une grande aventure contemporaine, non seulement biologique mais aussi économique. En raison de l'importance de l'enjeu, les biotechnologies ont obtenu le soutien du marché financier (« Venture capital »).

(38) Ce facteur VIII, qui fait défaut aux hémophiles A, est présent en quantités infimes dans le plasma normal. Plusieurs firmes internationales (dont en France « Transgène » associé aux Centres de Transfusion) sont parvenues à l'obtenir par recombinaison génétique en exprimant le gène dans le surnageant de cultures de levures ou de cellules de vertébré. En cas de succès des actuels essais cliniques, le facteur VIII de recombinaison se substituerait aux produits d'extraction du plasma humain, qui doivent être chauffés pour mettre à l'abri de la transmission d'affections virales.

(39) Alexis Carrel fut le premier à cultiver des cellules *in vitro*. En 1910, il réussit à maintenir en vie, dans un milieu artificiel au laboratoire, des cellules de cœur d'embryon de poulet. On pouvait voir au microscope ces cellules cardiaques se contracter encore vingt-neuf ans plus tard, au début de la dernière guerre mondiale, alors que la vie moyenne d'un poulet ne dépasse pas dix années.

Les Israéliens ont utilisé, comme source de fibroblastes en culture, des cellules conjonctives provenant des prépuces de leurs très jeunes coreligionnaires (puisque la circoncision est pratiquée au huitième jour de la vie). Certaines cellules embryonnaires ou très jeunes sont ainsi capables de survivre indéfiniment, à condition que le milieu de culture soit régulièrement renouvelé et que soient apportés des facteurs sériques provenant eux aussi d'embryons (tel le sérum de veau fœtal). Ceci démontre la nécessité de « facteurs de croissance ». Les uns sont non spécifiques, nécessaires à la croissance de toutes les cellules, les autres, comme les interleukines provenant de cellules lymphoïdes, sont nécessaires au maintien spécifique en culture des lymphocytes T.

Toutefois, la plupart des tissus adultes ne peuvent survivre que pendant un temps limité, même en présence de facteurs embryonnaires de croissance. Après un nombre variable de divisions, les cellules ont tendance à se dédifférencier, puis à dépérir.

(40) C'est ainsi qu'il existe une souche de cellules épithéliales malignes, très employée dans tous les laboratoires, appelée HELA. Elles proviennent d'un cancer du col de l'utérus d'une femme noire nommée Helen Lane; dont la mémoire s'est trouvée de ce fait elle aussi immortalisée. Helen Lane est morte en 1951, mais les cellules de son cancer ont un remarquable potentiel de division; des décennies après sa mort, elles continuent à se multiplier à travers le monde.

De même des cellules myélomateuses (prolifération maligne de plasmocytes, qui sont des lymphocytes sécréteurs d'anticorps) provenant de souris ou d'hommes sont susceptibles de se reproduire indéfiniment.

Certains virus, tels le virus simien appelé SV 40, ainsi que le virus humain d'Epstein-Barr (EBV), peuvent être à l'origine de proliférations malignes; ils ont en outre le pouvoir d'éterniser *in vitro* les cellules qu'ils infectent (ce qui est loin d'être le cas de tous les virus cancérigènes). L'EBV a été particulièrement utilisé pour l'établissement et la pérennisation de clones de lymphocytes humains, sélectionnés pour leur capacité à produire des anticorps anti-Rhésus (on appelle « clone » une famille de cellules descendant toutes d'une seule cellule initiale aux caractéristiques bien définies, possédant de ce fait un génome identique). C'est ainsi que le Centre national de Transfusion a mis, dès 1984, à la disposition des utilisateurs un sérum-test anti-Rh obtenu par bio-synthèse en fermenteur, pour les groupages Rhésus (P. Rouger). La stabilité, la spécificité, la reproductibilité d'un tel réactif constituent de précieuses qualités.

(41) L'hybridation cellulaire, c'est-à-dire la fusion de deux cellules de la même espèce, ou d'espèces différentes, est facilement obtenue dans le règne végétal. On peut même obtenir à partir d'un clone hybride de cellules embryonnaires, le développement d'un organisme entier, telle la « pomate », hybride de pomme de terre et de tomate.

L'hybridation aboutit à la formation de cellules polyploïdes, c'est-à-dire contenant un excès de chromosomes par rapport aux cellules d'origine. Les cellules malignes sont, elles aussi, souvent polyploïdes, en raison de mitoses atypiques et (ou) de transposition de matériel génétique d'origine virale. Rappelons, pour fixer les idées, que les cellules germinales sont « haploïdes », elles contiennent n chromosomes (n étant un nombre variant avec l'espèce); les cellules somatiques normales sont « diploïdes », contenant 2n chromosomes; les cellules hybrides obtenues par fusion entre espèces sont tétraploïdes (4n), elles sont exposées à perdre une partie de cet excès de chromosomes.

Depuis plus d'une décennie, on sait produire des hybrides de cellules animales en culture. On utilisa d'abord le virus de Sendaï (Barski) pour favoriser la fusion cellulaire; actuellement, on recourt à l'addition de poly-éthylène-glycol.

L'hybridation a des applications très utiles : c'est grâce à la fusion de cellules humaines et de cellules de souris qu'on est parvenu à enrichir considérablement nos connaissances sur la « cartographie chromosomique » des gènes humains. En effet, les cellules hybrides « souris-homme » vont perdre graduellement leur excédent de chromosomes aux dépens des chromosomes humains. En mesurant simultanément le produit d'expression d'un gène dans le surnageant de culture (par exemple la libération d'une enzyme) et la disparition de telle ou telle paire de chromosomes humains, il est possible d'établir sur quel chromosome est situé le gène impliqué.

(42) Ces particularités de multiplication *in vitro* de certaines cellules malignes et les connaissances acquises dans les techniques d'hybridation ont conduit, en 1975, Kohler et Milstein (prix Nobel 1984) à hybrider des cellules non sécrétantes de myélome de souris avec des lymphocytes de souris immunisées par des antigènes provenant d'une autre espèce, animale ou humaine. Grâce à des artifices de culture favorisant la croissance des hybrides aux dépens de celle des cellules malignes non hybridées, on obtient en une dizaine de jours des colonies d'hybrides sécrétant des anticorps contre les antigènes qui avaient servi à immuniser la souris. Il reste à « cloner » la culture par dilution pour obtenir la descendance d'une seule cellule hybride sélectionnée pour l'anticorps désiré.

Chaque hybride ne produit en effet qu'un seul type d'immunoglobuline, appartenant à une seule classe, réagissant avec un seul déterminant antigénique, ou même avec une partie de ce déterminant. Le clone hybride (hybridome) se reproduit de façon indéfinie.

Grâce à cette technique ingénieuse, qui a connu un extraordinaire développement au cours de ces dix dernières années, il est maintenant possible de produire, presque à volonté, des anticorps « monoclonaux » d'une spécificité « exquise » et d'une reproductibilité parfaite. Une des caractéristiques de la méthode, expliquant sa supériorité sur les techniques classiques d'immunisation animale, est que le clonage dispense d'une purification poussée de l'antigène immunisant. Les anticorps produits dans le surnageant de culture, ou dans le liquide d'une ascite provoquée par l'injection des cellules dans le péritoine de la souris, peuvent être utilisés sans grande purification, la spécificité fonctionnelle étant assurée par la nature « clonale » de l'anticorps.

Ainsi, des milliers d'anticorps monoclonaux ont-ils pu être préparés en quelques années contre des antigènes et des récepteurs insolubles de membrane, ou contre des protéines solubles. Pour notre part, nous avons obtenu avec Helen Lee et Charles Salmon au Centre national de Transfusion sanguine, des anticorps monoclonaux antifacteurs de coagulation, anti-hépatite B (anti-HBs), anti-A et anti-B (sérum-tests de groupage sanguin), anti-Plasmodium falciparum (pour le diagnostic de la forme de paludisme la plus sévère).

Les hybrides lymphocytaires « souris-souris », sécrétant des anticorps monoclonaux de souris, sont précieux pour la production de réactifs, mais ils se prêtent mal à celle de produits thérapeutiques. On a toutefois utilisé des anticorps murins dans des essais de traitement d'affections malignes du système lymphatique, en les couplant éventuellement avec des toxines ou des médicaments cytotoxiques pour obtenir un effet de « ciblage ». Mais ces immunoglobulines de souris sont reconnues comme étrangères par l'organisme humain qui s'immunise rapidement à leur égard, et l'effet thérapeutique s'émousse rapidement. D'où l'intérêt de produire des hybridomes humains (hybrides homme-homme) en utilisant des cellules myélomateuses non sécrétantes de myélome humain et des lymphocytes de sujets vaccinés ou naturellement immunisés, porteurs d'anticorps utiles pour la thérapeutique (antitétaniques par exemple). De nombreux laboratoires, en France comme à l'étranger, se sont attaqués à ce secteur d'avenir de la thérapeutique immunologique.

Les anticorps monoclonaux peuvent enfin rendre des services pour les recombinaisons génétiques : permettant la purification d'une protéine par chromatographie d'affinité, ils facilitent la construction d'une sonde d'ADN complémentaire, préalable à l'isolement de l'ARN messager codant pour ladite protéine.

(43) Il est confondant de constater la vitesse avec laquelle des mécanismes biologiques d'une grande complexité sont capables de se dérouler : en moins d'une heure, la double spire d'ADN se dégrafe et une copie se forme; les chromosomes situés dans la zone équatoriale migrent aux deux pôles de la cellule. Cette tâche éditoriale inclut la détection d'éventuelles erreurs de transcription et l'excision des fragments non conformes, avec rétablissement de la continuité du filament d'ADN. Macfarlane-Burnet * (prix Nobel 1960) a attribué le vieillissement des organismes à la perte de cette capacité de correction et à l'accumulation de dommages causés à l'ADN.

(44) De rares espèces pluricellulaires se situent à la frontière du sexué et de l'asexué. Certains poissons ont des œufs qui pour éclore n'ont pas besoin d'être fécondés, ce qui ne donne naissance qu'à des individus femelles (c'est le cas de « Rivulus mar-

* Frank Macfarlane-Burnet, *Une histoire naturelle de la mort et de l'hérédité,* Albin-Michel, Sciences d'aujourd'hui, Paris, 1982.

moratus »). De même, certaines espèces de lézards ne donnent naissance qu'à des embryons unisexes, provenant d'ovules non fécondés, qui, loin d'avoir subi une réduction chromatique possèdent au contraire une double dose de chromosomes (tétraploïdes). Ceci suggère que la mise en place de la sexualité ne s'est pas faite sans tâtonnements.

Le sexe est déterminé par une paire de chromosomes sexuels, formée de deux chromosomes inégaux XY. Le chromosome X est remarquablement conservé dans sa forme et sa structure parmi l'ensemble des mammifères. Le chromosome Y, qui détermine le sexe mâle, est plus petit et d'aspect plus varié. Dans l'espèce humaine, les races sémitiques se distingueraient des autres par un chromosome Y plus long. Les gènes situés sur le chromosome X furent les premiers localisés, en raison de maladies héréditaires touchant le sexe masculin, transmises par des femmes indemnes, dites « conductrices » (hémophilie, daltonisme...). L'existence d'une hémophilie canine, n'intéressant que les mâles, atteste la parenté de structure de l'X chez les mammifères supérieurs.

(45) On a récemment mis en évidence chez la drosophile (petite mouche du vinaigre qui sert de cobaye aux généticiens) des « blocs géniques » qui dirigent le développement des différents segments du corps. Ce sont de courtes séquences de l'ordre de 200 à 400 kilobases qui s'expriment très tôt au cours du développement embryonnaire et qui peuvent, par exemple, commander au niveau du compartiment céphalique la différenciation de pattes au lieu d'antennes.

(46) La leucémie myéloïde chronique est une prolifération maligne frappant un clone de cellules granuleuses de la moelle osseuse. Elle s'accompagne d'une anomalie chromosomique connue sous le nom de « chromosome Philadelphie ». Il s'agit d'une translocation entre 22ᵉ et 9ᵉ paire, avec perte de matériel génique au niveau du chromosome 22. La translocation provoque la réunion de deux « proto-oncogènes », primitivement isolés sur chacun des chromosomes, c'est-à-dire la juxtaposition de deux gènes susceptibles après activation de provoquer une croissance tumorale. L'un est une séquence de 32 kilobases homologue de la séquence responsable de la leucémie de la souris, l'autre est une séquence de 12 kilobases homologue de la séquence responsable du sarcome simien. Cette séquence hybride coderait pour une protéine anormale ayant une activité tyrosine-kinase qui est un facteur de croissance.

(47) Tous les comportements innés sont, nous l'avons dit, codés par des gènes. Ceci n'est pas une affirmation fondée uniquement sur leur transmissibilité. Des biologistes américains (Scheller et Axel) sont parvenus, tout récemment, à étudier le comportement d'organismes inférieurs au système nerveux rudimentaire :

Ils ont cherché quels gènes codaient pour des neuropeptides à l'origine du comportement particulier de l'« Aplysia », sorte de limace marine, comportement décrit par l'équipe de E.R. Kandel : le mollusque saisit avec sa bouche un cordon d'œufs, puis sécrète une matière visqueuse qui lui permet de fixer les œufs à un rocher. Pourquoi avoir choisi ce comportement en apparence très simple d'une limace? Parce que les mollusques, peu nerveux comme chacun sait, n'ont qu'environ 20 000 neurones (les vertébrés supérieurs en possèdent un million de fois plus). En outre, cette limace n'a pour centres nerveux que quatre paires de ganglions céphaliques et un seul ganglion abdominal; enfin la taille des neurones chez cet invertébré est mille fois plus grande que chez les mammifères; de ce fait, ses cellules nerveuses contiennent de grandes quantités d'ADN.

Deux amas symétriques de neurones situés à la partie haute du ganglion abdominal produisent une substance qui, injectée à une limace vivante, enclenche tout le répertoire gestuel indiqué ci-dessus, même si l'animal ne s'est pas accouplé et si les œufs ne sont pas fertilisés. La composition de cette substance baptisée « egg laying hormone » est connue : il s'agit d'une séquence peptidique de 36 acides aminés. A partir de l'ADN provenant des amas neuronaux, et d'une sonde radioactive d'ADN complémentaire, il a été possible de repérer une chaîne peptidique de 271 acides aminés qui apparaissait comme le précurseur de l'hormone nécessaire à l'amarrage des œufs. Ce long peptide est codé par trois gènes ayant entre eux de nombreuses homologies, résultant sans doute de la triplication d'un gène ancestral. A partir de ce peptide précurseur, deux autres peptides actifs sont scindés qui interviennent dans la ponte. L'utilisation d'un ARN messager radioactif a permis en outre de localiser les neurones producteurs de l'hormone.

La scission simultanée de plusieurs neurotransmetteurs à partir d'un même peptide précurseur permet de comprendre l'enchaînement d'actes coordonnés mettant en jeu des corrélations neuromusculaires (contraction de l'oviducte, mouvements coordonnés de la tête et de la bouche, sécrétion d'une substance visqueuse).

Cet exemple de commande génétique régulant un comportement aussi simple, laisse imaginer la haute complexité biogénétique que suppose la construction du nid de l'oiseau ou de la toile de l'araignée. De nombreuses familles de gènes, des séquences de neurotransmetteurs doivent intervenir dans un ordre pré-établi pour concourir à un comportement aussi savant. Cela suppose, en outre, de nombreuses rétroactions tenant compte des progrès de l'ouvrage.

(48) La symbiose entre espèces se fait le plus souvent de façon moins apparente. C'est ainsi que de nombreuses bactéries vivent dans l'intestin des mammifères avec un profit pour les deux parties. On a souvent besoin d'un plus petit que soi. Ces bactéries, commensales ou saprophytes, puisent directement leur nourriture « in situ », elles assurent en contrepartie un équilibre favorable de la flore intestinale, en s'opposant à la croissance de bactéries pathogènes. Certaines, comme le colibacille, fabriquent des vitamines utiles à l'homme, telle la vitamine K. Un traitement antibiotique est susceptible de rompre cet équilibre et de provoquer une infection intestinale. Les bactéries sont indispensables à la digestion de certains aliments. Comme le dit Isaac Asimov : « Les vaches mangent de l'herbe, mais elles mourraient de faim sans les micro-organismes qui habitent leur appareil digestif, car ce sont ces dernières qui digèrent l'herbe, pas la vache. Les termites mangent le bois (c'est la seule chose que tout le monde sait des termites), mais ils ne le digèrent pas ; eux aussi, dépendent pour cela de micro-organismes. »

(49) La plupart des associations se développent au détriment d'une des parties. Ceci s'observe dans le règne végétal, aussi bien que dans le règne animal. Le gui est un parasite des arbres, de multiples espèces de vers et d'acariens parasitent les mammifères.

Les parasites n'ont jamais cessé de tourmenter les humains, surtout dans les régions tropicales : dans les reins de deux momies égyptiennes, vieilles de trois mille ans, on a retrouvé des œufs de « Shistosoma », parasite responsable d'affections intestinales et urinaires.

Les protozoaires parasitent aussi bien les poissons, que les oiseaux, ou les mammifères. On peut ainsi distinguer deux grandes façons de se nourrir : en avalant l'autre lorsqu'on est le plus gros, en l'habitant lorsqu'on est le plus petit. Le parasitisme peut se déployer sur plusieurs étages : un organisme supérieur peut héberger des parasites multicellulaires, englobant eux-mêmes, comme des poupées russes, des protozoaires ou des bactéries, à leur tour susceptibles d'être attaqués par des virus.

L'interconnexion des espèces peut être extrêmement complexe, faisant intervenir plusieurs hôtes intermédiaires. C'est le cas par exemple de la Bilharziose, où le cycle du parasite comporte un stade larvaire aquatique, avec reproduction dans un mollusque, et un stade adulte chez les humains. L'hématozoaire du paludisme fait intervenir pour sa reproduction sexuée un insecte vecteur. La fécondation ne peut se produire que dans l'estomac de l'anophèle femelle (le mâle ne se nourrit pas de sang, mais plus poétiquement du nectar des fleurs). Après union des gamètes, l'œuf se divise et donne naissance à de très nombreux sporozoïtes qui vont gagner les glandes salivaires du moustique, prêts à être injectés à l'homme au cours d'un repas de sang. Mais c'est chez l'homme (après de nombreux cycles asexués où les « trophozoïtes » se transforment en « schizontes » lesquels se divisent en « mérozoïtes ») que se différencient les gamètes. Extraordinaire ménage à trois qui fonctionne fort efficacement malgré sa complication, pour le malheur de l'homme qui en fait les frais. La malaria, ou fièvre des marais, et en particulier sa variété la plus sévère, le paludisme à Plasmodium falciparum, ne s'est jamais aussi bien porté; il touche près de deux cents millions d'humains et tue chaque année des centaines de milliers d'enfants dans les zones intertropicales. Les moustiques sont devenus résistants au DDT, tandis que de leur côté les hématozoaires sont en passe de devenir résistants aux principaux antipaludéens de synthèse (amino-4-quinoléine), traduisant la sélection de souches résistantes.

(50) Les Galapagos constituent un archipel volcanique, émergé relativement récemment (une centaine de milliers d'années); il est situé dans le Pacifique, à un millier de kilomètres du continent sud-américain (au large de l'Équateur). Il a été classé en 1981, par l'Unesco, « Patrimoine de l'humanité », comme la Haute-Égypte, ou Venise (en ce qui le concerne, c'était au titre de réserve naturelle). Cinq mille pêcheurs habitent cet archipel de 20 000 km². L'étude de la flore et de la faune de ces îles, récemment sorties des eaux, était riche d'enseignement pour qui savait observer. Elles constituaient un conservatoire d'espèces moins nombreuses que sur le Continent. Parmi elles, des iguanes géants, des cormorans aux ailes atrophiées, qui n'auraient jamais survécu en présence de mammifères prédateurs. Il existait une abondante faune d'oiseaux : les uns, tels les manchots, amenés par le courant froid de Humboldt; les autres, tels les « fous », venus du Sud avec les eaux chaudes. Les passereaux avaient des caractéristiques qui différaient d'une île à l'autre (ce sont les fameux « Pinsons de Darwin »). Le peuplement de ces îles et la différenciation des espèces furent soigneusement consignés dans des notes de voyage.

(51) Darwin souligne que les obstacles actuels n'ont pas toujours existé. La plupart des îles ont été dans le passé rattachées aux continents et les continents eux-mêmes ont pu communiquer entre eux avant leur dérive, ou à la faveur de glaciations, ce qui explique la dissémination des espèces en des points très éloignés du globe. Même en plein Pacifique, la vie a pu être transportée par les eaux (cas des noix de coco qui flottent); des graines ont pu être véhiculées avec les excreta des oiseaux; il n'est jusqu'aux bois flottants qui ne soient capables de répandre des germes de vie végétale, voire animale. Toutefois les îles très isolées ont moins d'espèces et peuvent manquer de mammifères, peu aptes à franchir de grands espaces liquides (ex. les Galapagos). De même, les arbres se disséminent moins facilement que les herbacées dont les graines sont facilement emportées par le vent et les oiseaux. D'une façon générale, Darwin note que les espèces inférieures sont plus dispersées que les espèces supérieures.

(52) Mentionnons ici, à titre d'exemple, le système de la coagulation du sang. Il comporte des « facteurs contacts », deux facteurs doués d'activité « anti-hémophilique » et quatre facteurs formant ce que nous appelons le « complexe prothrombique ». Une cascade de réactions enzymatiques aboutit, en présence de calcium et de lipides, à la formation rapide de thrombine, au contact des plaquettes sanguines et des parois lésées d'un vaisseau. Chez tous les mammifères, la thrombine convertit ainsi le fibrinogène en fibrine, donnant lieu à un caillot rendu plus résistant par le « facteur stabilisant de la fibrine ». Seules varient quelque peu, selon les espèces, la taille moléculaire et la concentration de ces divers facteurs de coagulation.

(53) Ce fut en injectant à un lapin des globules rouges de mouton que Bordet mit en évidence, au début de ce siècle, la formation d'anticorps, ainsi que le rôle d'un facteur sérique qu'il appela le « Complément » (que nous savons aujourd'hui être formé d'un système de protéines aussi complexe que celui de la coagulation).

On s'aperçut alors, qu'à l'intérieur même d'une espèce, des différences individuelles se manifestaient : Landsteiner distingua en 1901 les premiers groupes sanguins humains. En quelques décennies, on assista à une floraison de découvertes concernant d'autres « systèmes de groupes ». Il s'agissait de caractéristiques héréditaires intéressant les constituants des membranes des globules rouges (systèmes Rhésus, MN, P, S, Kell, Lewis, Luthéran..., etc.). Ces groupes sanguins sont aujourd'hui trop connus pour que nous nous y attardions. Par la suite, on mit en évidence un « polymorphisme héréditaire », encore plus considérable, au niveau des globules blancs (système HLA), témoignant de l'individualité tissulaire de chacun de nous, responsable du rejet des greffes (J. Dausset).

Ce « polymorphisme », longtemps insoupçonné, concernait également les protéines plasmatiques (haptoglobine, transferrine, immunoglobulines, ainsi que diverses « alloenzymes » plasmatiques...). Ces « variantes » de protéines ont été pour la plupart détectées par « électrophérèse », c'est-à-dire par une différence de vitesse de migration dans un champ électrique (sur un support de papier, d'agarose, ou d'acétate de cellulose).

(54) C'est ainsi que l'extrémité « N-terminale » du fibrinogène a beaucoup varié au cours de l'évolution. Rappelons tout d'abord que la « thrombine » qui constitue l'aboutissement d'une cascade d'activations enzymatiques, a pour fonction de coaguler le fibrinogène. Ceci résulte de la séparation de deux fibrinopeptides A et B, par scission d'une seule liaison arginine-glycine située à une distance de 14 à 21 acides aminés de l'extrémité (N-terminale) de la grande molécule de fibrinogène. Le détachement de ces deux petits peptides (chargés négativement) modifie la charge terminale des longues molécules de fibrinogène (comportant 3 500 acides aminés). Dès lors, les « monomères de fibrine » vont s'agréger par leur extrémité, et former un réseau solide de fibrine, qui sera ultérieurement consolidé par polymérisation latérale (due au facteur XIII).

La structure des fibrinopeptides mérite d'être quelque peu détaillée pour comprendre leur variation au cours de l'évolution : on peut distinguer au sein des fibrinopeptides deux parties, seule la partie externe a varié, tandis que la partie interne, adjacente à la liaison cruciale arginine-glycine, a traversé inchangée l'évolution. Neuf acides aminés précédant l'arginine (Asp-Phe-Leu-Ala-Glu-Gly-Gly-Gly-Val) apparaissent finalement indispensables pour que le site actif de la thrombine se positionne correctement sur sa cible. Cette séquence remonte jusqu'à la lamproie (poisson cartilagineux vieux de près de 600 millions d'années). Une anomalie congénitale du fibrinogène, trouvée chez un enfant à Lille, a confirmé que l'asparagine en position 10 (en amont de la liaison Arg-Gly) était bien indispensable à l'action de la thrombine, puisque la substitution à l'asparagine d'un acide aspartique rendait en l'occurrence ce fibrinogène incoagulable par la thrombine. En revanche, certains des 11 acides aminés de la partie externe pouvaient manquer ou être substitués sans retentissement fonctionnel. En définitive, si les fibrinopeptides sont régulièrement invoqués comme exemple de mutations « neutres » à travers l'évolution des vertébrés, on omet généralement de faire la distinction entre leurs deux portions, variable et constante.

(55) La méthode consiste à séparer l'ADN, à le scinder avec des enzymes de restriction, puis à comparer les fragments d'ADN obtenus. Les progrès technologiques dans ce domaine ont été remarquables : on dispose, depuis 1982, d'une batterie de plus de 350 « enzymes de restriction », définissant 85 sites spécifiques de scission situés entre des nucléotides bien définis (Roberts). Des enzymes, judicieusement choisies en fonction de la taille des fragments que l'on souhaite obtenir, permettent de séparer, après migration électrophorétique sur un support approprié, toute une série de bandes dont l'emplacement varie avec la taille des fragments. Toute variation dans la structure d'un gène (d'une espèce à l'autre, ou au sein d'une même espèce) se traduit par la présence de bandes distinctes. L'ADN non exprimé, c'est-à-dire ne codant pas directement pour une protéine (introns, séquences intercalaires ou « flanquantes ») peut être exploré au même titre que les régions exprimées (exons).

(56) On a comparé également le nombre de « sites » reconnus dans la chaîne d'ADN par un certain nombre d'enzymes de restriction : on a constaté une très grande similitude, et remarqué que certains étaient communs à l'homme et aux grands singes africains, tandis que d'autres se révélaient communs à l'homme et à l'orang-outan.

(57) D'une façon générale, une substitution d'acide aminé n'a guère de conséquences si l'ancien et le nouvel acide aminé appartiennent au même groupe (même type de structure et de charge); en revanche, certains acides aminés n'ont pas d'équivalents, ils ne peuvent être substitués sans qu'il en résulte un bouleversement de l'architecture de la protéine : c'est ainsi que la cystéine est impliquée dans la « structure tertiaire » des protéines : des « ponts di-sulfures » établis entre deux cystéines relient ensemble diverses chaînes protéiques, ou provoquent des replis de la molécule. L'altération d'une séquence « hydrophobe » peut de même avoir des conséquences graves, en empêchant la sécrétion d'une protéine (en s'opposant à la traversée de la membrane formée de lipides et, par suite, à la sortie de la cellule).

Le polymorphisme de l'ADN se révèle moindre dans les régions codantes que dans celles qui ne sont pas exprimées, ces dernières échappant à la sélection naturelle. C'est ainsi qu'on a pu observer quatre substitutions de nucléotides dans la partie non codante de l'insuline humaine, mais aucune substitution dans la région exprimée du gène (Ullrich 1980). Des constatations analogues ont été faites par deux équipes américaines qui ont comparé les parties exprimées et non exprimées du bloc de gènes de la bêta-globine humaine. Même conclusion pour le gène de l'alcool-déshydrogénase de la Drosophile (Kreitman, 1982).

M. Nei a étudié, par ailleurs, la fréquence des variations au niveau des codons : chaque codon, nous l'avons vu, est formé de trois paires de bases; une variation touchant la première ou la seconde paire a pour conséquence de coder pour un nouvel acide aminé, tandis qu'une modification portant sur la troisième paire de bases n'entraîne un changement d'acide aminé que dans 28 % des cas (en raison de la dégénérescence du code et de l'existence de « codons synonymes » dont nous avons déjà parlé). Autrement dit, une modification de la troisième lettre ne retentit pas sur la structure de la protéine et demeure silencieuse dans au moins deux tiers des cas. Dans les gènes que nous venons d'évoquer (alcool-déshydrogénase, globine), on constate que les substitutions intéressant les régions traduites prédominent sur la troisième paire de bases; de ce fait, elles n'entraînent pas le plus souvent de substitution d'acide aminé.

La même observation a été faite en ce qui concerne l'albumine humaine : c'est ainsi que Martine Mariotti et Gérard Lucotte * (1985) ont comparé la structure du gène de l'albumine humaine avec celle déjà publiée par Lawn (1981) et par Dugaiczyck (1982). Ils ont noté 13 différences (soit 1,07 % de variations pour un millier de nucléotides). Sur ces 13 différences, 8 portaient sur la troisième lettre de codons synonymes; 5 entraînaient un changement d'acide aminé et deux seulement parmi les 5 intéressaient des régions traduites. Des observations voisines ont été faites en ce qui concerne les gènes de la transferrine, de l'haptoglobine et de l'antithrombine III, montrant qu'il s'agit bien là d'un phénomène général.

Par contraste, toutefois, les gènes des immunoglobulines sont plus fréquemment et uniformément le siège de substitutions d'acides aminés. En effet, des variations sont observées au niveau des deux gènes codant respectivement pour les chaînes « lourdes » et « légères »; elles intéressent avec la même fréquence les régions exprimées et non exprimées et elles portent indistinctement sur les trois lettres du codon siège de la mutation. Ceci indique une variabilité « somatique » (non transmissible) et non plus seulement germinale, ce qui cadre bien avec la grande variabilité fonctionnelle qui caractérise les immunoglobulines, lesquelles sont des anticorps.

(58) Kimura a considéré, dès 1967, que la plupart des mutations n'étaient, en elles-mêmes, ni avantageuses ni nuisibles, mais « neutres ». Il voulait dire par là qu'elles se font n'importe où dans la chaîne d'ADN avec une fréquence relativement constante dans l'évolution. Cette « théorie neutraliste » a trouvé l'appui des connaissances récentes sur la structure des gènes qui a révélé leur polymorphisme insoupçonné. Toutefois le terme « neutra-

* Gérard Lucotte, *Génétique des Populations,* Inter-Éditions, Paris, 1983.

liste » est ambigu, voire trompeur, suggérant que ces mutations sont également retenues au hasard. Ce n'est absolument pas ce qu'entend Kimura, qui vient encore récemment de préciser sa pensée au cours d'une réunion scientifique qui s'est tenue aux États-Unis en juin 1982 *.

« La théorie neutraliste, précise-t-il, inclut de façon implicite la dérive génique qui répand une mutation dans la population, mais qui peut aussi bien la laisser perdre. Elle ne comporte aucune contradiction, bien au contraire, avec l'élimination des mutations délétères par la sélection naturelle, lorsqu'elles intéressent des portions indispensables à la fonction des molécules. » Autrement dit, la « neutralité » des mutations reflète en quelque sorte le taux de base des mutations. Elle se révèle dans les parties non exprimées du génome, ou dans les mutations des codons synonymes, ou bien encore dans celles qui atteignent des parties non fonctionnelles des protéines, autant de circonstances à l'abri du rôle essentiellement éliminateur de la sélection naturelle. Aussi, ne peut-on suivre A. Jacquard **, lorsqu'il écrit (en 1982) à propos de la théorie neutraliste : « Nous sommes bien loin de la sélection qu'a décrite Darwin » et quelques lignes plus loin : « La théorie de l'évolution moléculaire est non darwinienne dans la mesure où elle peut se passer des concepts introduits par Darwin. »

La plupart des mutations exprimées et des aberrations chromosomiques sont défavorables, et de ce fait éliminées par la sélection naturelle. Toutefois certaines anomalies héréditaires ont pu se maintenir lorsqu'en contrepartie elles offraient un avantage. Il en est ainsi d'une malformation des globules rouges qui s'observe dans des populations noires : il s'agit de la « drépanocytose » qui transmet une hémoglobine anormale résultant de la mutation d'un seul acide aminé de la chaîne de globine. Lorsque l'anomalie est héritée des deux parents (homozygotie), la maladie est grave : anémie et thromboses sont cause d'une très forte mortalité. Mais en revanche, les hétérozygotes qui n'héritent de la tare que d'un seul parent se trouvent relativement protégés contre le paludisme par leur hémoglobine partiellement anormale.

* Masatushi Nei et Richard Koehn, *Evolution of Genes and proteins*, Sinauer, Sunderland, Mass., 1983.

** Albert Jacquard, *Au péril de la Science? Interrogation d'un généticien*, Seuil (Science ouverte), Paris, 1982.

(59) Je me bornerai à citer quelques chiffres rassemblés par Wen-Hsiung Li en 1982, indiquant la taille globale du génome (exprimée en paires de bases nucléiques par cellule non germinale), ainsi que le nombre de gènes répétitifs codant pour différents types d'ARN (ARN ribosomal et ARN de transfert) :

Espèce	*Nombre de gènes*	*Taille du génome*
Mycoplasme	2	1×10^6
Coli	7	4×10^6
Levure	140	5×10^7
Drosophile	200	2×10^8
Xenopus	500	8×10^9
Homme	300	3×10^9

On voit que les cellules de drosophile contiennent presque autant de gènes répétitifs, codant pour les ARN, que les cellules humaines. Ces dernières en possèdent moins que les cellules de la grenouille (Xenopus), qui a de nombreux pseudo-gènes non codants. Notons, enfin, qu'il existe une bonne corrélation entre les gènes hautement répétitifs codant pour les deux variétés d'ARN et la masse totale du génome.

La duplication de gènes résulte exceptionnellement d'une duplication de l'ADN des gamètes par un phénomène de tétraploïdie, telle qu'on peut l'oberver chez les saumons, les tritons et, nous l'avons vu, chez certaines espèces de lézards. En règle générale, la duplication résulte du dédoublement de gènes par enjambements chromosomiques au niveau de gamètes, pendant les divisions de réduction chromatique.

(60) Les conséquences de la formation de séquences répétitives sont variables : parfois, la répétition d'exons exprimés aboutit à un renforcement d'expression du gène (cas de l'albumine ou de l'ovomucoïde) *. Le plus souvent elle demeure dépourvue d'expression (cas du gène muet, ou pseudo-gène, se trouvant au milieu du bloc génique de la bétaglobine). Notons, à cet égard,

* Cas aussi de la résistance des moustiques aux insecticides (voir p. 140).

que les gènes fonctionnels multiples comportent plus souvent des pseudo-gènes satellites que les gènes simples, et que les variations sont plus fréquentes sur les pseudo-gènes que sur les gènes exprimés (voir Dover et Flavell *).

(61) On observe que les hormones ont été remarquablement conservées au cours de l'évolution. Des poissons aux mammifères, les « corticostéroïdes » assurent le maintien de la pression osmotique chez tous les vertébrés, en réglant l'entrée ou la sortie de sodium de l'organisme. Chez les poissons, il n'existe qu'une variété de corticostéroïde : c'est le cortisol. Chez les « dipneustes », ancêtres des batraciens, qui se sont adaptés à la vie aérienne, apparaît une seconde hormone : l'aldostérone. Dès lors, le cortisol se spécialise dans l'équilibre des réactions énergétiques, tandis que l'aldostérone contrôle les mouvements du sodium.

Le métabolisme du calcium joue un rôle fondamental dans le développement du squelette et dans les réactions cellulaires. La « calcitonine » est une des hormones réglant les échanges calciques, très proche de la « parathyrine » des poissons. Il s'agit d'un polypeptide d'une trentaine d'acides aminés qui a très peu varié.

On peut de même retracer la filiation des hormones hypophysaires, tout au long de l'évolution des vertébrés : d'une molécule ancestrale unique, sont issues par duplication génique : la « vasopressine » (hormone antidiurétique) et l'« ocytocine » (qui fait contracter les muscles lisses, en particulier l'utérus). Il s'agit de deux petits peptides de neuf acides aminés, sécrétés par la post-hypophyse, qui ne diffèrent l'un de l'autre que par deux acides aminés. Ils sont codés par un gène unique chez la lamproie, poisson très archaïque; on assiste à la duplication de ce gène chez les poissons osseux.

L'hormone de croissance et la « prolactine » sont sécrétées par l'anté-hypophyse; malgré leurs fonctions bien différentes, leur homologie de structure est remarquable, elles dérivent toutes deux d'une même molécule ancestrale, la prolactine, qui a une action osmotique chez les poissons; elle joue un rôle tout à fait différent et nouveau chez les mammifères, où, comme son nom l'indique, elle déclenche la sécrétion lactée.

Une autre série d'hormones d'origine anté-hypophysaire

* Dover G.A. et Flavell R.B., *Genome Evolution,* Academic Press, 1982.

résulte, elle aussi, d'une duplication de gènes : il s'agit du couple hormone thyréotrope-hormone gonadotrope, qui agit en synergie sur le métabolisme général et la reproduction.

En fait, ces hormones peuvent être retracées beaucoup plus haut encore dans le passé. On signale en effet chez les invertébrés la présence d'insuline : chez la drosophile, le ver de terre, et même chez des champignons, ainsi que chez le colibacille...

(62) Quelques plantes évoluées fabriquent des protéases, telle la papaïne (provenant de la papaye) et la broméline (produite par l'ananas). Dans le règne animal, les protéases digestives (trypsine, chymotrypsine) sont très proches des venins de serpents, qui sont eux-mêmes étroitement apparentés aux facteurs de coagulation : la plupart des venins coagulent le sang et certains sont capables de dissoudre les caillots.

Les facteurs du « complexe prothrombique » (facteurs II, VII, IX et X) sont étroitement apparentés. Ces quatre facteurs de coagulation appartiennent à une même famille de protéines ayant des propriétés voisines : ils sont absorbables par les alcalino-terreux, ils sont fabriqués par la cellule hépatique, et ils ont besoin de vitamine K pour la di-carboxylation d'une dizaine d'acides glutamiques nécessaire à leur activité fonctionnelle. Leur similitude de structure et de propriété est telle que W. Seegers, un pionnier de la coagulation, avait primitivement cru qu'ils dérivaient l'un de l'autre au cours de la coagulation. En fait ils doivent provenir d'une même protéine ancestrale. La biologie comparée montre d'ailleurs une complication progressive du processus de la coagulation, le nombre des facteurs s'accroissant en passant des invertébrés (tels les crustacés), aux vertébrés inférieurs, puis aux mammifères.

(63) On trouve pareillement des familles d'« inhibiteurs d'enzymes » : c'est ainsi que l'alpha 1-antitrypsine est un inhibiteur abondant dans le plasma, capable de neutraliser la trypsine; sa réduction par suite d'une anomalie congénitale se traduit par de graves lésions viscérales et pulmonaires chroniques. L'antithrombine III est, de son côté, le principal inhibiteur de la thrombine; sa réduction, par suite d'une atteinte familiale, entraîne une tendance sévère aux thromboses récidivantes. Il s'agit donc de deux inhibiteurs ayant des activités fonctionnelles distinctes, neutralisant deux protéases ayant chacune leur substrat électif; aussi est-il tout à fait remarquable d'apprendre, à la suite des travaux de l'équipe de Transgène à Strasbourg, que les sites actifs de ces deux molécules ne diffèrent que par un seul acide aminé (une méthionine à la place d'une arginine). Ceci suggère que les deux protéines ont divergé à la suite d'une duplication d'un gène ancestral, les gènes dupliqués ne comportant qu'un codon de différence.

(64) Il arrive aussi que l'on découvre des homologies insoupçonnées entre des protéines ayant des fonctions bien différentes. C'est ainsi que la connaissance toute récente du gène du facteur VIII (anti-hémophilique A) a révélé des homologies inattendues : cette très grande molécule comporte trois domaines ayant de grandes homologies internes suggérant que le premier domaine résulte d'une triplication de gènes, et le troisième d'une duplication. Mais on observe, en outre, une homologie de structure entre le facteur VIII et un autre facteur de coagulation aux propriétés voisines, le facteur V (les deux protéines ont des communautés de propriétés et de lieu de synthèse). Plus surprenante est l'homologie trouvée avec la « céruloplasmine », protéine transportant le cuivre. Ceci suggère que les trois protéines dérivent d'un gène archaïque commun.

Le gène du facteur IX, dont l'atteinte est responsable de l'hémophilie B (15 % des hémophilies), est lui aussi connu depuis peu. Son polymorphisme, tant chez les sujets normaux que chez les hémophiles B, apparaît relativement important.

(65) La globine de souris a des pseudo-gènes ayant une forte homologie avec les gènes « gamma » et « delta » de la globine humaine, suggérant une divergence de ces gènes antérieure à l'apparition des primates, il y a environ 20 millions d'années. Le gène de la globine des premiers poissons, comme la lamproie, est unique; il s'est par la suite dédoublé chez les poissons téléostéens où les deux gènes sont situés en tandem sur un seul chromosome, disposition qui est conservée chez les amphibiens (Xenopus). Chez les reptiles, les deux gènes de globine sont retrouvés sur deux chromosomes distincts, comme chez les oiseaux et les mammifères. Une duplication du gène de l'alphaglobine a dû se produire il y a environ 80 millions d'années, lorsque nos lointains ancêtres, les Lémuriens, se sont séparés des rongeurs.

Le bloc de gènes de la béta-globine humaine est actuellement parfaitement connu et l'on a étudié son polymorphisme dans des populations méditerranéennes exposées à la transmission héréditaire d'un trouble de la synthèse de l'hémoglobine (appelé béta-thalassémie). Ce bloc de gènes situé sur la onzième paire de chromosomes s'étend sur environ 50 kilobases, mais seulement 15 % du gène est traduit. On observe surtout des mutations sur les régions non exprimées (9 types de variations habituelles).

Les gènes codant pour la globine d'un insecte (Chironimus thumni) ont 16 % d'homologie avec ceux de la globine humaine. Ceci peut sembler faible, mais le calcul indique que les chances pour que cela résulte du hasard sont inférieures à 1 % ; d'ailleurs cette homologie partielle se rapproche de celle de la globine de lamproie (19 %). Il est intéressant de souligner que la globine d'insectes n'a pas d'introns, ce qui suggère que les gènes des insectes représentent une transition entre ceux des procaryotes et des eucaryotes; la divergence entre insectes et vertébrés s'étant sans doute produite il y a 900 millions d'années...

(66) Certains expérimentateurs (dont B.G. Hall) ont toutefois eu l'idée d'appliquer à des bactéries des pressions de sélection artificielle, en vue d'apprécier si des variations préalables du génome pourraient être exploitées. Cela a consisté essentiellement à rechercher si de nouvelles voies métaboliques pourraient se développer chez des micro-organismes, auxquels on offrait un sucre qu'elles n'étaient pas normalement en mesure de synthétiser. Seules survivent effectivement les lignées capables de synthétiser une nouvelle enzyme (apte à dégrader le sucre en un métabolite entrant dans un cycle pour lequel la bactérie était au préalable normalement équipée).

(67) La notion de « facteurs de mobilité du génome » revêt une importance croissante. Barbara McClintock, qui a reçu en 1983 le prix Nobel à l'âge de quatre-vingt-un ans, fut la première à apporter des arguments, dès 1940, en faveur d'un « génome mobile ». Elle avait observé des variations d'expression de la pigmentation d'épis de maïs, en fonction de circonstances extérieures; elle avait conclu à des réarrangements internes du génome, mais elle ne fut pas crue à l'époque.

Allan Campbell distingue en 1983 plusieurs sortes d'éléments mobiles au sein du génome : les uns activement mobiles qu'il nomme « épisomes », et les autres mobilisables appelés « transposons ». Les épisomes sont, d'une part les plasmides connus chez les bactéries, et d'autre part des séquences nucléiques de virus, qui ont pour particularité de pouvoir se répliquer indépendamment de la division cellulaire. Les transposons font partie intégrante du génome et ne peuvent se répliquer séparément, ils sont constamment insérés dans le génome, mais peuvent s'y déplacer. Le « phage lambda », l'un des bactériophages les mieux connus, qui contamine *Escherichia coli,* est capable de s'insérer dans le génome du colibacille au niveau d'une séquence de 15 nucléotides, qui constitue un site conservé et spécifique de recombinaison. Par contraste, un virus du singe (SV40) peut s'insérer à n'importe quel endroit du génome de la cellule hôte. Les transposons possèdent souvent des extrémités identiques, leur permettant de s'insérer dans un sens ou dans l'autre; ils peuvent aussi incorporer un autre gène, par exemple de résistance à un antibiotique, et le transférer d'une bactérie à une autre.

Les rétrovirus se comportent aussi comme des transposons. Tantôt, ils insèrent une séquence d'ADN qui s'intègre dans le génome de la cellule hôte, sans apporter apparemment ni avantage ni désavantage sélectif, tantôt ils se transmettent de cellules en cellules en entraînant de graves dommages (comme dans le SIDA). On peut ajouter que certains pseudogènes pourraient résulter, non pas de duplication, mais d'insertion d'ADN par un rétrovirus.

(68) Les gènes, codant pour des familles de RNA ribosomal (de différentes tailles), apparaissent très bien conservés chez les Primates au cours de l'évolution, bien que les gènes en question soient dispersés sur 5 chromosomes différents. Ceci suggère une « évolution concertée » avec « transfert horizontal » des variations. Les chances pour que de telles variations convergentes puissent résulter du hasard paraissent en effet négligeables. Elles pourraient être expliquées par la mise en commun, lors de la division cellulaire, d'un nucléole pour plusieurs chromosomes, ce qui faciliterait des échanges chromosomiques. Une telle évolution concertée pourrait transférer une mutation avantageuse (mais en contrepartie exposerait à des aberrations chromosomiques défavorables par non-disjonction, telle une trisomie 21).

(69) L'ADN mitochondrial n'a pas suivi la filière de la reproduction sexuée, il semble être un vestige archaïque de la reproduction asexuée des unicellulaires. Comme chez les procaryotes (qui n'ont pas de séquences non exprimées dans leur ADN), la quasi-totalité de l'ADN mitochondrial s'exprime chez les mammifères (Ce sont essentiellement des gènes codant pour des ARN messagers et de transfert).

Cette particularité, l'absence d'introns, jointe à la transmission matriarcale sans brassage, ainsi qu'à une grande uniformité de taille à travers l'évolution du vivant, laissaient présager une grande conservation des séquences à travers les classes et les espèces. Eh bien, il n'en est rien : si la nature, l'ordre et la taille des gènes se sont bien conservés depuis au moins 350 millions d'années (ils demeurent semblables chez la grenouille et chez l'homme), on constate au contraire un taux de substitutions 5 à 10 fois plus élevé que dans l'ADN du noyau. Comme pour l'ADN nucléaire, on note une prédominance de substitutions silencieuses touchant la troisième paire du codon. Toutefois, les gènes des ARN (ribosomal et de transfert) ont subi de plus nombreuses variations au niveau de l'ADN des mitochondries que de celui du noyau. Ceci suggère que les exigences sont moins strictes pour le fonctionnement de l'ARN d'origine mitochondriale que pour celui d'origine nucléaire. Comme de très nombreuses copies d'ADN Mt existent dans les cellules, et comme les réplications sont plus fréquentes qu'au niveau du noyau, il est possible que ces variations soient sans importance, les mitochondries non fonctionnelles étant éliminées et remplacées. Il est possible aussi que l'ADN mitochondrial puisse dans certaines conditions fusionner et se recombiner.

(70) Une commission scientifique américaine a envisagé les conséquences prévisibles d'une explosion de 5 000 à 10 000 mégatonnes dans l'hémisphère Nord.

Dans les minutes qui suivraient, des milliards de tonnes de poussières seraient expédiées dans la stratosphère (300 000 tonnes environ, par mégatonne); elles y resteraient pendant des mois en suspens, entre 12 et 40 km d'altitude. S'y ajouteraient des fumées provenant de la combustion des villes et des forêts. Les rayons du soleil seraient interceptés : ce serait la nuit, et la température s'abaisserait d'au moins 20 degrés. La végétation et le plancton seraient en partie détruits. Lorsque le rayonnement solaire réapparaîtrait, la proportion initiale de rayons ultraviolets serait trois à quatre fois plus élevée qu'auparavant, par suite de la destruction de la couche d'ozone protectrice (par l'oxyde de carbone et le gaz carbonique libérés par l'explosion). Les végétaux et animaux, qui auraient survécu à la phase initiale, risqueraient alors de succomber à des brûlures. Près de la moitié de l'humanité périrait et aucune organisation de secours ne serait concevable. Il ne resterait plus dans les immenses zones sinistrées suffisamment de survivants pour soigner les malades et ensevelir les morts.

Dans l'hémisphère Sud, indirectement touché par le froid, l'obscurité et les radiations, tous ne périraient pas, et sans doute la vie reprendrait; mais la dévastation se traduirait par un immense recul de la civilisation; le monde serait totalement à refaire.

TABLE DES MATIÈRES

CET OUVRAGE
A ÉTÉ COMPOSÉ
ET ACHEVÉ D'IMPRIMER
PAR L'IMPRIMERIE FLOCH
À MAYENNE EN OCTOBRE 1987

N° d'éd. 1289. N° d'impr. 25645.
D. L. : octobre 1987.
(Imprimé en France)